U0903799

懒人与仙人掌

鲜艳迷人的仙人掌世界

让你真正享受轻松种
容易活的种植乐趣

一柱柱小巧又造型独特的仙人掌，会让人爱不释手的可爱植物。

懒人50仙人掌

可以种在室内的造型小盆栽

苏明玉/著
廖家威/摄

陕西师范大学出版社

推·荐·序

现代人居家布置的小盆栽

散发着迷人魅力的仙人掌与多肉植物

植物界真可谓无奇不有，从小草到大树，从隐花到显花，从纤细到肥胖，都有它们独特而迷人的一面。

仙人掌与多肉植物是植物界极为特殊的一群，它们原本并不是植物社会的主要成员，但是经由业者及爱好者长时间的努力，如今它们的身影早已经遍布各地，而且有越来越受欢迎的趋势。因此，为这群有趣的植物撰写一本实用的书，自然是十分令人期待的事。

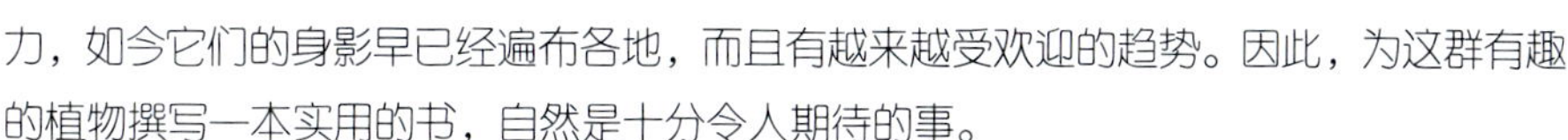

苏明玉曾经是我小区大学的学生，她秉性纯真、勤奋好学，尤其对自己投入十余载的多肉植物的管理照顾始终兢兢业业、不辞劳苦。因之，对仙人掌及多肉植物的特征、习性、繁殖与照顾等，均可谓了如指掌，一幕幕美妙的影像、一则则生动的故事、一件件相关的问答，都早已储存在她的脑海里，将这些丰富的素材化成浅显而有趣的文字，当然是简单而容易的事。

仙人掌与多肉植物的外型、枝叶、针刺、花果等，都散发着迷人的魅力，仔细端详每一个部位，都足以让人莞尔与驻足。逛一趟仙人掌园或花市，心中一定会有意想不到的快乐与丰美。但在浏览、拍照的前后，如果能做个事前的预览与事后的温习，效果将更能加倍，而本书正是最佳的阅读指南。

多肉植物绝对是现代人居家的良伴，只要你了解它们、善待它们。本书的每一个单元、每一个品种，都详加罗列其主要特征、栽种方法、繁殖要领与选购指南等数据，还将有关的相似品种、鉴别知识等附加在文中，读者们只要详加阅览，一定能获益良多，并对作者及多肉植物有更进一步的好感与喜爱。

本人对仙人掌与多肉植物也深具兴趣，甚至可谓情有独钟，曾多次造访明玉的北农仙人掌园，并拍摄许多由她亲手栽种的多肉植物，心中留下深刻的真、善、美的绝佳印迹，希望在未来的日子里，仍然可以利用不同的季节，前往猎取不同的影像与吸取相关的知识。

一本好书绝不可孤芳自赏，仙人掌与多肉植物的同好越多，则家庭乃至社会的获益必将提升。期待本书能让前述的同好倍增，他日在“北农”或其他类似场所能随时相遇，大家彼此交换心得，其乐也融融。

台湾博物馆前植物学组组长　郑元春

目录
CONTENTS

小盆栽大趣味

Interesting Cactus & Succulent

■ 仙人掌一根根锐利的刺，

■ 像是充满敌意，让人难以亲近，

■ 生怕一个不小心，

■ 会被它的刺所攻击，

■ 其实这只是它们保护自己的本能，

■ 只要小心对待，

■ 一株株小巧又造型独特的仙人掌，

■ 绝对是会让人爱不释手的可爱植栽。

美化家居生活小帮手 

仙人掌适应环境的能力很强，很适合摆放在办公室或居家的任何一个角落。

仙人掌强韧的生长特性，相当适合现代忙碌的上班族，偶尔疏于照顾或忘了浇水，仙人掌也不会轻易地“垂头丧气”，成为许多没时间照顾植栽又想享受绿生活的忙碌人们的不二选择。

FOR JOE COOL

运用生活中随意取得的“容器”来栽种、搭配仙人掌，将有意想不到的趣味变化。只要花点小巧思，就可以享受仙人掌带来的简单幸福感。

没有设限的盆器，组合出与众不同的创意仙人掌盆栽，透明袋、旧旧的小童鞋，一些看似失去原本功用的东西，只要稍微动动手、动动脑，和仙人掌互相搭配，就可以创造出生活的惊喜。

创意＋仙人掌＝简单幸福生活

锅碗杯盘，变身趣味盆器

仙人掌有一种平易近人的特质，不需搭配昂贵的盆器，也不被任何形状的盆器所限制，轻轻松松就能打造出丰富多样的视觉效果。

家中生锈的器皿、缺角的杯子，先别因为小缺陷而丢弃，拿来栽种可爱的仙人掌刚刚好，而且依照盆器的大小，可以量身打造一个“仙人掌拼盘”，利用各种不同的仙人掌高度、颜色、特性等等，组合成一个仙人掌的小小世界，具有更丰富的观赏效果。

角落里的童趣

当小巧的仙人掌遇上可爱的玩具，撞击出角落里的童趣。

仙人掌的造型小巧可爱又具有特色，搭配上同样讨人喜爱的小玩具，更加趣味。在不起眼的角落里，放上仙人掌与小玩具的绝妙搭配，仿佛坐上了时光机器回到无忧无虑的童年里，不经意地轻轻一瞥，让人发现快被遗忘的儿时快乐时光。

许多空间的角落，既没办法利用又无法完全清除，只能任由灰尘的叹息，一盆仙人掌加上一点巧思与用心，就可以赋予角落新生命，带来新的生命力。

栽种步骤大图解

Step by Step

- 仙人掌常常承受被“冷落”的待遇。
- 因为它既耐干又抗旱的特性，
- 让人误以为它是一个不要照顾
- 就可以活得好好的植物，
- 其实不管是什么植物，
- 都得掌握它们的生存之道，
- 才能让它们尽善尽美地
- 展现生命的魅力。

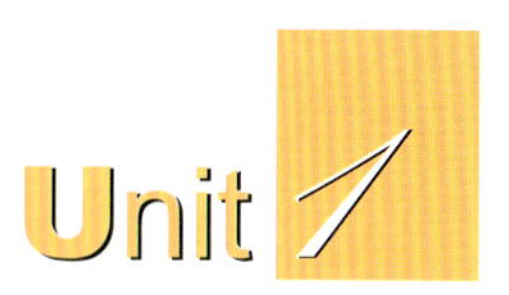

Unit 1 造型之趣 Special

提到沙漠，
很多人会联想到仙人掌，
因为许多沙漠中都有高举着双手向你问候的柱形仙人掌；
还有像极了米老鼠的团扇仙人掌，
唤起童年的回忆。

仙人掌与多肉植物富有精彩多变的造型，
不管是大的、小的、圆的、长的、粗的、细的，
造型多样而特立带来视觉上的惊喜，
让许多爱好者深深被吸引。

白毛掌

最像米老鼠的仙人掌

科别：仙人掌科
学名：Opuntia microdasys v.albispina Fobe.
别称：白桃扇
花期：约每年5月~7月

特　征

白毛掌是团扇属仙人掌的一员，外观有时看起来很像米老鼠，有时又很像脚掌的形状，造型讨喜，是人气仙人掌之一。一片片连结在一起的是它的茎，通常母株上面会长出1~6片不等的新茎，甚至更多。

它的植株不高，中小型种，高度约40~50公分。扁平状的茎很脆，易折断，搬运时要小心碰撞。尤其是茎上面有许多刺座[注1]，而刺座上也有许多非常细小的芒刺，容易沾到皮肤，所以换盆或繁殖时，需要特别留意。

绿手指小百科

水分：可利用土壤颜色判断，等泥土很干再浇水；如果表面有铺上一些彩色石头或是一些装饰铺面等，而无法判断土壤颜色时，建议你不妨把牙签或免洗筷插在土里约20~30分钟，再抽出观看颜色，决定是否给水。

繁殖：以扦插的方式来繁殖，成功率高。

日照：全日照。日照不足易徒长变形，适合摆放在阳台或顶楼、阳光充足的位置。

施肥：可在栽培土内调入有机肥料做为基肥，每三个月加入长效性肥料。

注1：刺座

仙人掌长刺的地方，等于是仙人掌上的枝，大部分为圆形，有些会长出棉花状的棉毛，除了刺以外，有些仙人掌的花与侧芽也都由刺座长出。

准备工具

赤乌帽子 10 厘米盆栽 1 个 · 喷水器 1 个

培养土 · 5 厘米花器 1 只 · 薄塑料手套 1 双 · 棉手套 1 双 · 镊子 1 把

≤ Step by step 栽种步骤 ≥

1

2–a

1 买盆栽

生长旺盛无徒长、刺座完整

到花市挑选植株生长旺盛无徒长，刺座完整的盆栽。

2–b

2 扦插繁殖

2–a 取茎干

挑选成熟的茎干，用镊子摘下放置在通风处阴干。因为赤乌帽子茎上有许多芒刺，所以务必戴上手套保护(塑料手套在外层)。

2–b 完成

将茎干插入栽培土中，再用喷水器将土完全喷湿就完成了。

QA 大栽问

Q：什么是团扇属的仙人掌？

A：团扇属的仙人掌分布很广，原生在北美以及中南美洲，植株强健，某些品种甚至于可以露天栽种，例如宝剑、单刺团扇、银世界、金武扇等大型团扇。本属的特征为茎大多为圆形、椭圆形或长椭圆形、扁平状，每一茎节的顶端长出一片或是多片衔接在一起，有时看起来像米老鼠或兔宝宝、脚丫子等可爱、讨喜的造型，让人忍不住想摸摸它，很多团扇属仙人掌的茎上会长满无数刺的刺座，因品种而异有些稀疏、有些密集，而嫩茎和果实可以食用。

Q：被团扇仙人掌的刺扎到怎么办？

A：万一被团扇仙人掌的刺扎到手，请注意不要慌张，不要用手搓揉，只需耐心地把刺一根根地拔下即可。

相似品种大不同

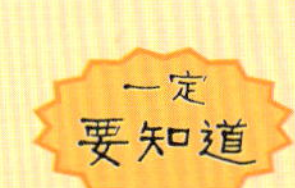

赤乌帽子

科别：仙人掌科

学名：Opuntia microdasys "rubra"

别称：红小判

赤乌帽子和白毛掌都是团扇属仙人掌的成员，两者唯一不同处就是在它们“刺”的颜色不同，赤乌帽子的刺是红褐色，较容易扎伤人；白乌帽子的刺是白色，较软不易伤皮肤。两者都因为外观颇为逗趣，而成为花市的热门品种之一。

金琥

体形圆滚滚的人气仙人掌

科别：仙人掌科
学名：Echinocactus grusonii
花期：约每年7月~10月

特　征

金琥可说是仙人掌界的大哥大，体型大、名气大，球体为深绿色，因为是大型种仙人掌，成株后直径可达到60公分以上，上方生长点[注1]上有淡黄色的绵毛，圆滚滚的体形和鲜黄色的硬刺，让人印象深刻，特别是在阳光下显得十分的耀眼，像是会发光似的。另外，还有白刺的金琥，但在市场上较为少见。

幼株的金琥身上有许多乳凸状的突起，和成株后的金琥不太一样，常常让人无法将幼株和成株的金琥联想在一起。花期、果期都在夏秋之间，花在接近中午时会完全打开，直径约4公分，花谢后结果，果实外皮是淡黄色，里面是白色，剥开来像小的火龙果。

绿手指小百科

水分：可利用土壤颜色判断，等泥土很干再浇水。

繁殖：全年都可以繁殖，以新鲜种子播种成功率较高。越新鲜的种子，发芽率越高，播种后要注意遮荫。

日照：全日照。夏季正午需稍加遮荫以免造成日烧的情形。

施肥：可在栽培土内调入有机肥料做为基肥，每三个月加入长效性肥料。

注1：生长点

为仙人掌开始生长的地方，通常在茎的顶端，当仙人掌长大时球骨会由内向外推展，所以通常茎顶部是比较嫩的地方。

准备工具

金琥5厘米盆栽1个・喷水器1个・培养土

7.5厘米花器1只・细网筛1只・1盆水

≤Step by step 栽种步骤≥

1

2-a

1 买盆栽

刺鲜黄、植株饱满

到花市挑选植株刺鲜黄，而且饱满无皱的盆栽。

2 播种繁殖

2-a 取果实

挑选成熟的果实，摘下备用。

2-b

2-b 剥开

先除去种子上的短毛，再用手把果实剥开，让果肉落在细网筛上。

2-c

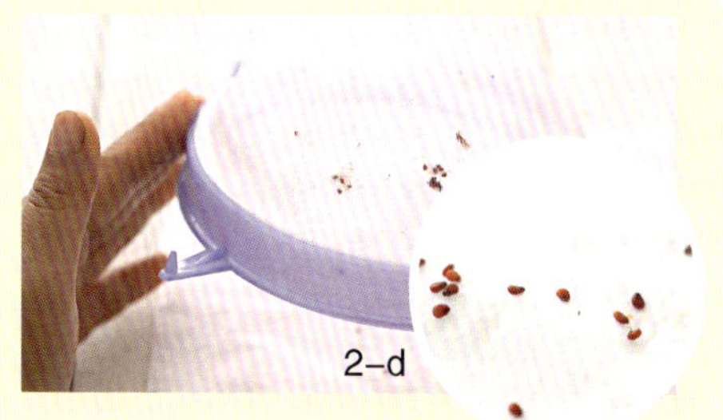
2-d

2-c 洗净

把细网筛上的果肉放入水中，轻轻拨洗使种子与果浆分离。

2-d 倒出阴干

将洗好的种子倒出，放置在通风处阴干。

2-e 完成

将种子洒入后，用喷水器将土完全喷湿，放置阴凉处即可。

2-e

QA 大栽问

Q：播种后多久才会发芽？

A：播种后，土壤要保持湿润，约两星期后就会发芽，但依品种不同也会有些不同，夏天要注意遮荫，土壤不宜过湿或过干，要避免正午阳光直射。

Q：我家的金琥怎么不圆了？

A：很多人买了一棵浑圆的金琥回去，过一阵子却发现它在不知不觉中身材走样了，其实这大部分的原因是因为光线不足所造成的“徒长现象”，只要把它摆到光线充足的地方就可以改善。

兜丸

最像南瓜的仙人掌

科别：仙人掌科
学名：Astrophytum asterias Lem.
花期：约每年6月~8月

特　征

兜丸是小型扁球状的仙人掌，一个球体上有8棱[注1]，它的刺座分布在不明显的棱上，但刺座上的刺并不突出，反而是刺座软毛形成的白点，在绿色的球体上显得抢眼（通常白点会因品种不同而有粗细大小相异之处），远远看就像是一颗还未成熟的小南瓜。

淡黄色的花会由植株上方的生长点开出，花瓣的部分越接近中心点就越偏向红色，花朵直径约4~5公分，一朵花的观赏期约为一周。午后花会闭合起来，待隔天早上再绽开。

绿手指小百科

水分：可利用土壤颜色判断，等泥土很干再浇水。

繁殖：以种子方式繁殖，最适合在每年4~5月播种。

日照：全日照。

施肥：可在栽培土内调入有机肥料做为基肥，每三个月加入长效性肥料。

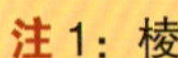

注1：棱

许多仙人掌的特征之一，通常在仙人掌的茎上纵向突起，具有调节温度的功能，某些品种棱端长有疣，为刺座生长的地方。

英冠玉

顶着皇冠造型的仙人掌

科别：仙人掌科
学名：Eriocactus magnificus Ritt.
花期：约每年5月~6月

特　征

英冠玉单一球体生长，幼株外观像球形，成株后会越来越像桶状。土黄色的刺，生长杂乱，它的刺座密布在棱上，一个球体约有11~15棱，而侧芽则是由刺座冒出。它最大的特色就是因为刺座密布及球体上明显的棱线，由正上方往下看，就像一顶皇冠。

鲜黄色的花由植株上方的生长点开出，花的直径约4~5公分，一朵花的观赏期将近一周，有时一次可开出3~5朵，就像是戴了顶花帽，十分可爱。午后花会闭合起来，待隔天早上再绽开。

绿手指小百科

水分：可利用土壤颜色判断，等泥土很干再浇水；如果土壤上方有彩色石、发泡炼石等装饰铺面，建议你不妨把牙签插在土里约20~30分钟，再抽出观看颜色，决定是否给水。

繁殖：英冠玉会由茎上靠近底部的地方长出新的侧芽，所以很适合摘下侧芽来扦插繁殖，也可用播种繁殖，但耗费时间较长。请参考39页小町的播种繁殖。

日照：全日照。

施肥：可在栽培土内调入有机肥料做为基肥，每三个月加入长效性肥料。

剑恋玉

充满曲线美的仙人掌

科别：仙人掌科

学名：Echinofossulocactus kellerianus Krainz

花期：约每年3月~4月

特　征

剑恋玉属于薄棱玉属的小型仙人掌，最大的特色就是植株上波浪状的棱，又多又薄又深。体色为深绿色约35~40棱，刺不长也不密集，但尖端微微向上如剑一般，刺长约1.5公分，和其他仙人掌比较起来它的刺略为扁薄一些。

生长速度很慢，常常让它的主人怀疑它到底有没有在成长而感觉到气馁。在植株体形约3公分时就会从生长点附近开出淡紫色，每次开花约1~3朵不定，花朵直径约为2.5公分，花瓣中央有一条较深紫色的纵纹。

绿手指小百科

水分：可利用土壤颜色判断，等泥土很干再浇水。

繁殖：以种子方式繁殖，全年皆可播种，故于3~4月或9~10月较合适。请参考20页金琥的播种繁殖。

日照：全日照为佳。耐阴性高，可以短时间放置在办公室，但过一段时间后，还是移到光线充足的地方，以免发生徒长现象。

施肥：可在栽培土内调入有机肥料做为基肥，每三个月加入长效性肥料。

如果植株的根系不健康，这个品种仙人掌的刺，一碰就会掉落，栽培时要特别留意这点，另外挑选盆栽时记得要找健康、有光泽的植株。

紫晃星

最像小树盆栽的多肉植物

科别：番杏科
学名：Trichodiadema densum
花期：约每年4月~5月

特 征

紫晃星属于番杏科植物，它们共同的特征是拥有对生、肉质、肥厚的叶，全科植物又可以依外型分成玉型类和枝叶型两类。紫晃星则是枝叶型的番杏科植物，叶形小有如大颗的米粒，因为叶尖端会冒出17~20根的短刺，所以常被误认为是仙人掌。

全株的生长速度缓慢，除了叶有刺是特色外，膨大如老树的根更是具观赏价值，种植时可以把根部露出，看起来就像中国风的小树盆栽。春天还会开出紫色的花，造型小巧可爱。

绿手指小百科

水分：可利用土壤颜色判断，等泥土很干再浇水。

繁殖：以播种或扦插方式繁殖皆可。通常花谢后会结果，可以收集细小的种子等秋天再播种。

日照：全日照，夏季需遮荫。

施肥：可在栽培土内调入有机肥料做为基肥，每三个月加入长效性肥料。

修剪：春天生长速度快，可适度修剪枝叶，以保持树形，修剪下来的枝叶可另做扦插使用。

红牡丹

像梳包包头的可爱仙人掌

科别：仙人掌科
学名：Gymnocalycium friedrichii PAZOUT.‘Hemi-aureum’
花期：约每年7月~8月

特　征

红牡丹是园艺栽培出的品种，它本身并没有叶绿素，所以一定要通过嫁接[注1]在柱形仙人掌上才能存活，利用柱仙人掌作为供应养分的砧木[注2]。

红牡丹最大可以养到拳头大小，所以在栽培过程中一段时间后需要更换到更大、更粗壮的柱形仙人掌上，才不会变得头重脚轻。它球体上的刺不长也不硬，而新生的侧芽则会由棱上的刺座冒出，越大越红，就像梳了包包头的可爱小姑娘。

绿手指小百科

水分：可利用土壤颜色判断，等泥土很干再浇水。

繁殖：需要透过嫁接方式繁殖，把新的侧芽接合在其他的柱形仙人掌上。

日照：全日照，但夏季怕强晒，需要进行遮荫。

施肥：可在栽培土内调入有机肥料做为基肥，每三个月加入长效性肥料。

注1：嫁接

繁殖法的一种，将两个同科或同属的仙人掌或多肉植物接在一起，也称为“接枝”。通常用于那些成长速度较缓慢或无叶绿素，但却具有观赏价值的接穗（红牡丹）接在生命力强的砧木（柱形仙人掌）上。嫁接后，生长速度较快，砧木的高低落差可运用于组合盆栽里做高低层次，营造不同的视觉效果。

注2：砧木

生命力强，刺少一点的仙人掌，以三角柱仙人掌、袖浦以及神木团扇仙人掌为最常用的品种。

准备工具

红牡丹5厘米盆栽1个·龙神木5厘米盆栽1个·美工刀1支·棉线1卷

≤ Step by step 栽种步骤 ≥

2-a

2-b

2-c

1

1买盆栽

植株饱满、色彩艳丽

到花市挑选植株饱满、色彩艳丽具光泽已长许多侧芽的红牡丹，以及挑选生命力强、刺较少的神木仙人掌或三角柱仙人掌做为砧木。

2 嫁接繁殖

2-a 切下砧木生长点

以锋利的刀片切下龙神木上方生长点，露出仙人掌中间的维管束。

2-b 削边

用刀片削去神木上方约1公分的棱。

2-c 切侧芽

红牡丹的茎上挑选较大的侧芽切下。

2–d 切下侧芽下段

自红牡丹侧芽与母株接合端，切下约0.5公分的厚度，露出里面的维管束。

2–e 接合

将红牡丹侧芽与砧木的维管束快速接合。

2–f 固定

用棉绳把红牡丹侧芽固定在龙神木上。

2–g 完成

固定后，放置在通风处即可。

QA 大栽问

Q：红牡丹不靠砧木可否独立生长？

A：不可以。红牡丹与黄山吹为园艺栽培种，植株本身完全无叶绿素，无法行光合作用来制造养分，所以无法独立生长，须以嫁接法繁殖，由砧木提供养分。

Q：请问我家的红牡丹仙人掌变白了，是生病了吗？

A：不是生病，应该是晒伤了。红牡丹在夏天常常会被过强的日照晒伤。

黄山吹

小朋友热爱的玉米笋仙人掌

科别：仙人掌科
学名：Lobivia silvestrii cv.
花期：约每年7月～8月

特　征

黄山吹最好辨认的就是它黄色的外表，颜色鲜艳，细小的白刺又不易扎伤人，每当小朋友看到它总是嚷着“玉米仙人掌”，鲜黄色的茎粉嫩可爱，就像是市场里卖的玉米笋，夏天会开出橘色的花朵，是小朋友们最喜欢的品种之一。

黄山吹和红牡丹一样无法自行产叶绿素，也需要透过嫁接繁殖，寄生在三角柱仙人掌上。不过黄山吹很容易长出侧芽，形成群生的状态，造型丰富，很适合拿来作为组合盆栽的元素之一。

绿手指小百科

水分：可利用土壤颜色判断，等泥土很干再浇水。

繁殖：需要透过嫁接方式繁殖，把新的侧芽切下接合在其他的柱形仙人掌上。繁殖方式可参考27页红牡丹的嫁接繁殖。

日照：全日照，但夏季怕强晒，需要进行遮荫。

施肥：可在栽培土内调入有机肥料做为基肥，每三个月加入长效性肥料。

福禄龙神木

最像人体的仙人掌

科别：仙人掌科
学名：Myrtillocactus geometrizana cv.
别称："FUKUROKURYUZINBOKU"

特　征

福禄龙神木属于柱形仙人掌，有一个特别的外号叫"美乳树"，听这名称就可以想到这个仙人掌有着女性曲线的造型。茎的颜色很美，带点天空色的绿，棱数约为5棱，棱上具有明显的乳突状，会长出刺座，但刺座的间距大，刺很短，远看只是个小黑点，容易被忽略而扎到人。

刺长约0.2～0.3公分，植株基部较细，有时会出现站不稳的情形，可藉由胴切[注1]方式降低高度，但胴切后的植株上段可种为新的盆栽，而下半部会长出1～2根的侧芽，虽然无法将伤口掩盖，外型较不美观，但可使其成为母本用来繁殖。

绿手指小百科

水分：可利用土壤颜色判断，等泥土很干再浇水；如果表面有铺上一些彩色石头或是一些装饰铺面等，而无法判断土壤颜色时，建议你不妨把牙签或免洗筷插在土里约20～30分钟后，再抽出观看颜色，决定是否给水。

繁殖：以播种或胴切的方式来繁殖。请参考61页金晃丸的播种繁殖。

日照：全日照。日照不足易徒长变形，适合摆放在阳台或顶楼、阳光充足的位置。

施肥：可在栽培土内调入有机肥料做为基肥，每三个月加入长效性肥料。

注1：胴切

胴切法是将难生芽的植株上半部切下另外种，下半部留下以便取芽繁殖。

Unit 2 花之美 Flower

恶劣的环境激发仙人掌使出浑身解数，
开出一朵朵令人惊艳的花朵，
争奇斗艳只为了得到昆虫们的青睐前来采蜜，
以便传播花粉。

许多人看到仙人掌的花总是不敢相信，
在一堆尖刺中惊人盛开出如此美丽的花朵，
也只有仙人掌才可以欣赏到同一植株里形成的衝突美感。
仙人掌花期短，让许多人对仙人掌花的印象不深，
但是只要看上一眼，绝对会让人难以忘记。

松叶景天

花像星星闪耀的多肉植物

科别：景天科
学名：Sedum mexicanum
花期：约每年4月～5月

特　征

松叶景天是景天科的多肉植物，茎叶肥厚，而叶形及排列就像松叶般，只是换上了青翠的绿色，全株高度约5～12公分。

它最美的时期就是春天，黄色花朵成片齐开，常会吸引许多小蜜蜂来采蜜，而且花形绽开就像五角星星在绿丛中闪闪发亮，很适合种在户外作为地被植物，植株较长时会有垂悬的效果，亦可做成吊盆观赏。

绿手指小百科

水分：耐旱性强，平时浇水量要控制，可利用土壤颜色判断，等泥土很干再浇水。

繁殖：以扦插方式繁殖，扦插的成功率很高。

日照：全日照。喜爱阳光充足的环境，若光线不足易造成徒长。

施肥：每月施加有机肥料或是长效性肥料，夏天休眠期则不用施加肥料。

准备工具

松叶景天7.5厘米盆栽1个·喷水器1个

培养土·7.5厘米花器1只·剪刀1把

≤ Step by step 栽种步骤 ≥

1

2-a

2-b

2-c

1买盆栽

植株翠绿、叶片紧密

到花市挑选植株健康翠绿、分枝多、叶片紧密的盆栽。

2扦插繁殖

2-a 剪枝

挑选带叶的茎枝或茎顶剪下3～5枝，长度约5～7公分。

2-b 阴干

将剪下的松叶景天茎枝放置在通风处阴干。

2-c 植入

把伤口干燥的茎枝——植入土壤里，约1～2公分。

QA 大栽问

Q：何谓多肉植物?

A：所谓的多肉植物指的是此植物的根、茎、叶某一部分膨大，且具有储水的功能，所以广义来说仙人掌也是一种多肉植物。

Q：仙人掌与多肉植物需要施肥吗?

A：是的。种在盆器里的仙人掌与多肉植物经过一段时间以后，土壤的养分会愈来愈少，需要透过肥料增加土壤里的养分。

Q：为什么我的叶子看起来黄黄的?

A：因为夏天温度较高、日照较强，松叶景天的叶子容易变黄，不过一旦天气转凉就会恢复翠绿。

相似品种大不同

石板菜

科别：景天科

学名：sudum alfredi hance

别称：白猪母菜

多年生景天科多肉植物，植株矮小，常见于北部滨海的石缝间或岩壁上，叶片为倒卵形，密集生长。花为黄色，花瓣5片，与松叶景天的花朵非常相像，春天时成片齐开，为北部滨海带来活泼的生气。

PARIS
CHAVROUX
Crémeux et
Frais de goût
NOUVELLE
RECETTE
CHAVROUX
Cremiger und
frischer Geschmack
NEUES
REZEPT

小 町

像小白球开花的仙人掌

科别：仙人掌科
学名：Notocactus scopa
花期：约每年5月~7月

特 征

小町属于小型种的圆柱型仙人掌，也是许多人开始尝试栽培仙人掌的入门品种，深绿色的茎，白色的短刺由刺座冒出，形成一个个小点密集分布在不明显的棱线上，常让人以为是白色的球。

茎部成长是由生长点向外扩散，通常基部直径会比上方略小一些，变成有点头大身体小。夏天时会由茎部的顶端开出鹅黄色的花朵，花苞上披有褐色的软毛，花朵直径约2.5~3.5公分，雌蕊红色、雄蕊黄色，通常一次会开好几朵，果实成熟会呈现粉红色，十分小巧可爱。

绿手指小百科

水分：可利用土壤颜色判断，等泥土很干再浇水。

繁殖：以种子方式繁殖。因为小町通常为单一球体生长，不易长侧芽，以播种繁殖可以取得较多的苗。

日照：全日照。

施肥：可在栽培土内调入有机肥料做为基肥，每三个月加入长效性肥料。

准备工具

小町下5厘米盆栽1个·喷水器1个·培养土·小型布丁烤皿1个·镊子1把

≤Step by step 栽种步骤≥

1

1 买盆栽

植株饱满、刺密集生长

选购时请选择植株饱满且刺密集生长的盆栽，如果是在夏天采买，就可以选择有花苞的植株，除欣赏植株外，也可以赏花。

2-a

2 播种繁殖

2-a 取果实

花期后，挑选成熟的果实，用镊子摘下。

2-b 剥开

把果实剥开，小心地取出里面的种子。

2-c 播种

种子洒入培养土上，用喷水器将土完全喷湿即可。

2-b

小町的种子

2-c

QA 大栽问

Q：请问要多久浇水一次？

A：这是一般人常会问的问题，其实这并没有一定的期限，一星期、两星期到一个月都没有一定。因为每个地方的气候、环境不同，水分蒸发的时间也不同，所以最好的方式，就是观察土壤湿润的状态是最保险的。

Q：浇水时，可否浇淋在植株身上？

A：可以。长时间没有浇水，植株上会附着许多灰尘，有时甚至会影响到植株行光合作用。所以在每次浇水时，可顺便将植株本体洗一洗、冲一冲，这样的动作可以让植株显得干净、清新。

▲披有褐色软毛的花苞

相似品种大不同

红小町

科别：仙人掌科

学名：*Notocactus scopa var. ruberrimus Link, & Otto*

红小町和小町同样为小型种仙人掌，短短的刺密布在茎上，会开出黄色的花。红小町外观与小町非常相似，是小町的变种，最大的差异就是刺座上有一根较为突出的红刺。

青王丸

花有丝缎般光泽的仙人掌

科别：仙人掌科

学名：Notocactus ottonis(Lem.)Berg

花期：约每年7月～10月

特　征

青王丸虽然属于单一球体的仙人掌，但容易长出侧芽。全株约有11～13棱，刺座位于棱上，每个刺座是由一根赤褐的主刺和黄褐色的边刺组成，刺不长，往左右放射，不易刺伤人。

夏季由仙人掌上方生长点附近的刺座开出鲜黄艳丽的花，花朵直径约3～4公分，中型花，雌蕊为红色，午后花会闭合。开花性强，同一时期最多可冒出10多个花苞，陆续绽放，一朵花的花期可达4～5天。

绿手指小百科

水分：可利用土壤颜色判断，等泥土很干再浇水。

繁殖：以播种或分株方式繁殖。可参考39页小町的播种繁殖。

日照：全日照。

施肥：可在栽培土内调入有机肥料做为基肥，每三个月加入长效性肥料。

瑞凤玉

花色鲜黄亮丽的美丽仙人掌

科别：仙人掌科
学名：Astrophytum capricorne(Dietr.)Br.&R.
花期：约每年7月～10月

特　征

瑞凤玉是中小型的球体仙人掌，有明显的8棱，它的刺生长杂乱，普遍刺尖端是向上，刺座上有白色的绒毛，刺座与刺座间距大。它的刺很特别，摸起来就像是纸一样的质地，所以对许多喜好仙人掌，却又怕被刺的人来说是个不错的选择。

瑞凤玉也是“有星类”的成员之一，有星类的仙人掌由于形状特殊，如星星一般，如鸾凤玉、兜丸、般若等仙人掌也都是。夏天花期会不断冒出黄色的花朵，有抢眼的红色花冠筒配上鲜黄的花瓣，花朵直径约5～6公分，一次可开出1～2朵花。

绿手指小百科

水分：可利用土壤颜色判断，等泥土很干再浇水。

繁殖：以种子方式繁殖。繁殖方式可参考40页小町的播种繁殖。

日照：全日照。

施肥：可在栽培土内调入有机肥料做为基肥，每三个月加入长效性肥料。

Vin de Pay

绯宝丸

花像留声机小喇叭的仙人掌

科别：仙人掌科
学名：Rebutia krainziana Kesslr
别名：宝山
花期：约每年3月～5月

特　征

绯宝丸是小型种宝山属的球形仙人掌，刺很短，不太会扎人，当母株直径长到3～4公分时，就会由侧边长出新的小球体，如果没有切下繁殖，会形成群生状。

多花性，在开花期间，会一次冒出10多个花苞于植株底部，再陆续开出。花的颜色非常鲜艳，本属的花有黄、红、粉红、橘等颜色。花形由侧面观看与留声机的喇叭相似。花谢后，容易结果，果实的成长靠近基部大小约0.6～0.7公分，种子会就近落入土里成长、发芽。

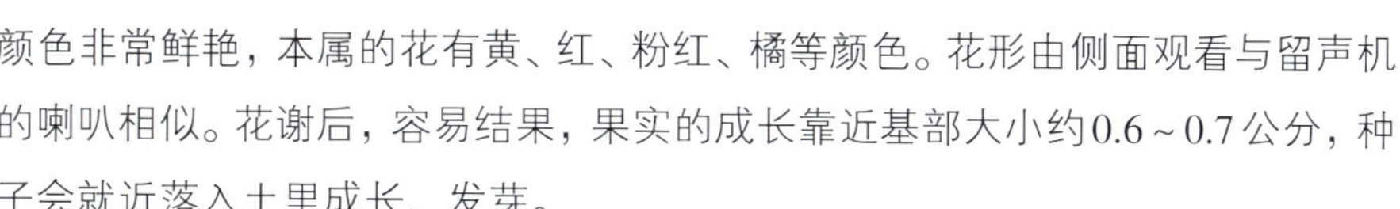

绿手指小百科

水分：可利用土壤颜色判断，等泥土很干再浇水。

繁殖：以播种或扦插方式繁殖。

日照：全日照。

施肥：可在栽培土内调入有机肥料做为基肥，每三个月加入长效性肥料。

准备工具

绯宝丸7.5厘米盆栽1个·喷水器1个·培养土·5厘米花器1只·薄塑料手套1双棉手套1双·镊子1把

≤Step by step 栽种步骤≥

1

2–a

1买盆栽

植株饱满、具光泽

到花市挑选饱满且具有光泽的植株。如果是在开花期，则可选择有花苞的盆栽，增加观赏性。

2–b

2 扦插繁殖

2–a 切下侧芽

选择较大、较成熟的侧芽切下，放置在通风处阴干。

2–b 植入

将阴干后的侧芽植入土中，最后用喷水器将土完全喷湿。

QA 大栽问

Q：为什么切下来的枝干要阴干？需放置多久才可种植？

A：多肉植物的茎叶含较多的水分，扦插时如果没有阴干直接扦插，很容易造成感染而导致腐烂。至于阴干时间没有一定，只要伤口干了就可以种植。

Q：仙人掌可以淋雨吗？

A：最好不要。经常或突然大量淋雨是很多人种植失败的原因。很多主人常把仙人掌放在屋外，下雨时忘了把它收进没雨的地方，几天下来心爱的仙人掌就化为一滩水，留下几根刺让主人感伤。

相似品种大不同

宝山

科别：仙人掌科

学名：*Rebutia minuscule K. Sch.*

宝山和绯宝丸一样是宝山属小型种的球形仙人掌，外形相似。但绯宝丸的刺座较白，而宝山的刺座则较灰白，茎为绿色，边缘有不明显的疣突，刺很短，花色为鲜红色，是多花性的品种之一。

红冠丸

花苞像袋鼠耳朵的可爱仙人掌

科别：仙人掌科
学名：Notocactus Rutilans Dan&Krainz.
花期：约每年5月

特　征

红冠丸是小型种圆筒状的仙人掌，主刺刚冒出时为红褐色，越长、越成熟就会转变为灰白色，边刺是渐层色由淡色到尖端的红褐色。不开花时外观较不引人注意，甚至像是枯死的颜色，灰灰暗暗。

花瓣由黄色渐层至粉红色，花瓣背面是洋红色，雌蕊是深桃红色被黄色的雄蕊包围着。大小为中型花，花朵直径约3.5~4公分，午后会闭合，如果天气不好就不会开花。一朵花可维持4~5天，花瓣薄，搬移时要小心，不要折到或挤压。

绿手指小百科

水分：可利用土壤颜色判断，等泥土很干再浇水。

繁殖：以播种方式繁殖。可参考39页小町的播种繁殖。

日照：全日照。

施肥：可在栽培土内调入有机肥料做为基肥，每三个月加入长效性肥料。

牡丹玉

花朵重瓣盛开的仙人掌

科别：仙人掌科

学名：Gymnocalycium mihanovichii v. friedrichii Werd.

花期：约每年4月~6月

特　征

牡丹玉是小型种的球形仙人掌，同品种的球身常见的有绿色及紫色，本页所拍摄的较接近紫红色。全株不论是球体本身、刺及花都非常具有特色，甚至茎上还会有凸起的横纹。它的棱非常明显，一个球形上有8棱，球体表面布满气孔，就像人的皮肤。

它的刺是茶色，长度为1~1.5公分，一个刺座约有5~6根，刺座上还有些许棉毛，刺座与刺座间距较不紧密，所以刺看起会长得比较松散。重瓣的花由上方生长点开出，有白色及粉红色，花筒下方也有凸起的鳞片，而花瓣背面则有一条深色中线，在收集品种时很好辨识。

绿手指小百科

水分：可利用土壤颜色判断，等泥土很干再浇水。

繁殖：以种子方式繁殖。可参考39页小町的播种繁殖。

日照：全日照。

施肥：可在栽培土内调入有机肥料做为基肥，每三个月加入长效性肥料。

红 鹰

花朵仰头绽放的仙人掌

科别：仙人掌科

学名：Thelocactus heterochromus (Web.)Van Ousten.

别称：多色玉

花期：约每年5月～10月

特 征

红鹰是小型种圆桶状的仙人掌，茎为青绿色，全株有8～9棱，具有瘤状突起，侧刺为5～10根，主刺1根约3.5～4公分，新刺为红色，老刺会逐渐变黄，根部较粗。

它的花为深桃红色，花朵直径约6～9公分，1朵花的观赏期虽然只有4～5天，但是花期内却是开花不断，是刺美、花也美的品种之一。

绿手指小百科

水分：可利用土壤颜色判断，等泥土很干再浇水。

繁殖：以种子方式繁殖。

日照：全日照。

施肥：可在栽培土内调入有机肥料做为基肥，每三个月加入长效性肥料。

准备工具

红鹰 7.5 厘米盆栽 1 个 · 喷水器 1 个 · 培养土 · 小碟子 1 只 · 镊子 1 把

≤ Step by step 栽种步骤 ≥

1

2–a

2–b

2–c

1 买盆栽

植株饱满、刺无脱落

到花市挑选植株饱满，且刺无脱落的盆栽。

2 播种繁殖

2–a 剥开果实

等开花结果后，挑选成熟的果实摘下、剥开。因为红鹰的果实与果浆较少，摘取时要小心种子容易掉出。

2–b 阴干

将取出的种子放置在通风处阴干、备用。

2–c 播种

将种子洒入后，用喷水器将土完全喷湿，放置阴凉处即可。

QA大栽问

Q：如何挑选适合种植仙人掌与多肉植物的盆器？

A：仙人掌与多肉植物因为小巧，栽种的盆器并无太大的限制，不论是常见的陶盆、瓦盆、塑料盆，甚至于家里不用的锅碗瓢盆都可以拿来使用。不同的容器会有不同的特性与质感，放置在家里或办公室不同的角落就可以营造出不同的趣味。

A：我家的仙人掌怎么不开花？

A：很多人从花市买的美美仙人掌花，一回来放在客厅或办公室内就只开了那一朵或是来年就不开了。这是因为摆放的位置阳光不足的缘故，就连较小的花苞也会因为光线不足而发黄掉落，最好的方式就是移到光线充足的地方。

相似品种大不同

大统领

科别：仙人掌科

学名：Thelocactus bicolor

别称：赤眼玉

大统领和红鹰一样是小型种的球状仙人掌，最相似的是瘤状突起的部分及成熟后会变成短圆桶状，但刺的部分大统领较红鹰细长而杂乱，刺长约2.5～3公分，新生刺为红色，刺老会变黄，花为紫红色，绽开后也是非常抢眼亮丽。

奇仙玉

花筒上有小棉毛的仙人掌

科别：仙人掌科

学名：Matucana madisoniorum(Hutch.)Rowley

花期：约每年4月~5月

特　征

奇仙玉为圆桶状的小型种仙人掌，茎为绿色，具有不明显的瘤状突起，刺座分布较松散，刺座上有短短的白色棉毛，有些刺座上有刺，有些没有。刺只有1~3根，是个“和蔼可亲”的仙人掌。

它的花为深橘色，花冠筒长，具有鳞片状，带有白色纤毛，花朵的高度约10~12公分，而直径为6~7公分。

绿手指小百科

水分：可利用土壤颜色判断，等泥土很干再浇水。

繁殖：以种子方式繁殖。可参考51页红鹰的播种繁殖。

日照：全日照。

施肥：可在栽培土内调入有机肥料做为基肥，每三个月加入长效性肥料。

月影

顶着美丽花环的迷人仙人掌

科别：仙人掌科
学名：Mammillaria zeilmanniana Boed.
花期：约每年3月～5月

特 征

月影是小型种Mammillaria属的仙人掌，幼苗时期为圆球状，单一球体生长与菠萝有些相似，成株后会形成群生圆筒状。

它的茎为深绿色，有光泽，具乳突状的疣，疣的顶端长出刺座。刺为红褐色，主刺具有倒钩，容易钩到衣服以及动物的皮毛。茎软，会开出深桃红色的小花，花朵直径约1公分，盛开时就像仙人掌顶着一个花环般迷人高雅。

绿手指小百科

水分：可利用土壤颜色判断，等泥土很干再浇水。

繁殖：以播种或扦插方式繁殖。可参考67页黄金司的播种繁殖。

日照：全日照。

施肥：可在栽培土内调入有机肥料做为基肥，每三个月加入长效性肥料。

芳香丸

花有香味的仙人掌

科别：仙人掌科
学名：Dolichothele baumii (Boed)werd.QF.Buxb.
别名：香花丸
花期：约每年3月~5月

特　征

芳香丸是小型种仙人掌，容易长侧芽，所以在花市里常可以看见的群生状盆栽，绿色的茎具有乳凸状，它的刺是由刺座向四周放射成长，远看就像一个迷你蜘蛛网一样，通常新刺为淡黄色，刺越成熟就会越接近茶色。

黄色的花是从它的疣腋[注1]中冒出，因为花带有香味，所以又有“香花丸”的美名，花朵直径约为1.5~2公分。开花性强，一朵花的观赏期约为一周，午后花会闭合起来，待隔天早上再绽开。

绿手指小百科

水分：可利用土壤颜色判断，等泥土很干再浇水。

繁殖：以播种或扦插方式繁殖。可参考68页黄金司的扦插繁殖。

日照：全日照。

施肥：可在栽培土内调入有机肥料做为基肥，每三个月加入长效性肥料。

注1：疣腋

仙人掌茎上会有瘤状的突起，有助于缩胀与散热，称做“疣”，而疣与疣中间的位置便是疣腋。

单刺团扇

整片盛开黄花的仙人掌

科别：仙人掌科
学名：Opuntia monacatha Haw.
别名：八仙掌
花期：约每年4月~5月

特　征

单刺团扇是属于大型种的团扇仙人掌，树木状、老茎木质化、体色深绿，刺座间距大，新刺较黄，刺越成熟越接近褐色。开花后结果，果实绿色不易掉落，生长速度很快，喜好全日照，可露天栽培，若是日照不足很容易徒长。

在乡下有许多人家屋前会种一棵单刺团扇，植株的茎一片一片接上去，有的长得像脚丫、有的长的像米老鼠，光是外观就足以让整个庭院加分，而且每年五月整棵开起黄色的花朵，就像一棵盛开花的树，非常壮观。

绿手指小百科

水分：可利用土壤颜色判断，等泥土很干再浇水。

繁殖：以扦插或种子方式繁殖，扦插的成功率很高且易取得。可参考金武扇的压条繁殖。

日照：全日照。

施肥：换盆时施用长效性肥料。

刺之样貌 Acantha

仙人掌刺是由叶子所退化而成，
一根根利刺就像是捍卫战士一般，
保护植株的安全。

仙人掌的刺拥有多种样貌，
颜色与外观的不同，
让每株仙人掌呈现出不同的质感，
表现出不同的个性。
好比近卫柱，长又尖的硬刺透露出彪悍的个性，
直接告诉你最好别来惹我；
黄金司茎上密布着刺欲将刺往内凹，
像是在说：我不会伤害你，但你也动不了我。
想象力，在仙人掌刺中蔓延开来。

金晃丸

刺像毛刷的柱形仙人掌

科别：仙人掌科
学名：Notocactus leninghausii
花期：约每年7月~8月

特　征

外观看起来有些像澎湖丝瓜的金晃丸，原生地在巴西，它最大的特色在于金黄色的刺在阳光下会闪耀出光芒，刺不硬，触摸起来有些像鬃刷一般的质感。通常为单一球体生长，幼苗时期为球状，成株后为柱形，植株高约30公分左右。不过市面上也经常可以看到群生的盆栽，那些通常是藉由破坏生长点，促使其长出侧芽，而达到群生的效果，更具观赏性。

花是开在生长点上，花型大，成株才会开花，果实小，长约1公分，披着黄褐色与白色的毛，里面的种子细小，因为果浆少，所以剥开后就可以直接播种。

绿手指小百科

水分：可利用土壤颜色判断，等泥土很干再浇水。

繁殖：以种子方式繁殖。

日照：全日照。

施肥：可在栽培土内调入有机肥料做为基肥，每三个月加入长效性肥料。

准备工具

金晃丸 7.5 厘米盆栽 1 个 · 喷水器 1 个

培养土 5 厘米花器 1 只

≤ Step by step 栽种步骤 ≥

1 买盆栽

植株饱满、刺密集生长

选购时请选择植株饱满且刺密集生长的盆栽。

2 播种繁殖

2–a 取出种子

花期后，挑选成熟的果实，把果实剥开，取出里面的种子。

2–b 播种

种子洒入培养土上，用喷水器将土完全喷湿，就可以放置在阴凉处等待发芽。

QA大栽问

Q：如何选择一棵健康的仙人掌或多肉植物？

A：在开始种之前，先要挑一个健康的植株第一要有光泽，第二是生长点上的刺要新鲜，第三是刺轻触后不会掉落，最后就是依据你的喜好挑选植株姿态和大小。

Q：仙人掌刺的功用是什么？

A：仙人掌的刺也就是等于它的叶，由于退化成针状的部分已不具行光合作用的功能，但却能防止水分蒸发。在沙漠中水源非常匮乏，而仙人掌的茎能储藏很多的水分，自然就成为沙漠里动物以及小昆虫觊觎的对象，所以这些刺还具有悍卫与保护的功能。

相似品种大不同

金冠丸

科别：仙人掌科

学名：Notocactus schumannianus

浑圆的金冠丸幼苗时就是球形，会随植株成长逐渐变为圆桶状，就像是发了福的金晃丸，两者茎的颜色及棱的成长都有些相似，最不同的是金冠丸的刺像钢毛状，比金晃丸硬，另外它的刺座分布也比金晃丸来的稀疏，并在每年6～7月开出黄色的花。

翁 丸

留着白胡须的柱形仙人掌

科别：仙人掌科
学名：Cephalocereus senilis

特 征

翁丸原产于墨西哥，属于大型种的柱形仙人掌，为毛柱类仙人掌的代表品种。高达10公尺的茎上布满了白毛，如同上了发胶的头发一般，由于造型讨喜受到许多人的喜爱。

所以为了维护它外型的美感，记得给水时尽量在接近土壤处浇水，以免白色的毛扁塌下来，或是因水渍而产生结晶使得毛变得不够洁白，破坏观赏价值。

绿手指小百科

水分：可利用土壤颜色判断，等泥土很干再浇水；如果表面有铺上一些彩色石头或是一些装饰铺面等，而无法判断土壤颜色时，建议你不妨把牙签或免洗筷插在土里约20～30分钟后，再抽出观看颜色，决定是否给水。

繁殖：以播种或胴切的方式来繁殖。请参考61页金晃丸的播种繁殖。

日照：全日照。全日照环境，冬季几乎不需外来水分。

施肥：可在栽培土内调入有机肥料做为基肥，每三个月加入长效性肥料。

金青柱

粉蓝色的柱形仙人掌

科别：仙人掌科
学名：Pilosocereus azureus

特　征

金青柱是柱形仙人掌，茎的颜色很特别，带着天空色调的绿，又带点粉蓝，棱数为6棱，棱上的刺座间距整齐，棱与棱间自然形成V字。金黄色的刺是它的特色，通常一个刺座上有14根刺，刺长约1～2公分。

它的植株会长高不会长胖，金青柱与其他柱形仙人掌比较起来，它算是细柱形，直径会维持在6～7公分。一般长到1～2公尺时最怕强风吹袭，易折断，但折断的植株也可留下用来扦插繁殖。

绿手指小百科

水分：可利用土壤颜色判断，等泥土很干再浇水；如果表面有铺上一些彩色石头或是一些装饰铺面等，而无法判断土壤颜色时，建议你不妨把牙签或免洗筷插在土里约20～30分钟后，再抽出观看颜色，决定是否给水。

繁殖：以播种或胴切的方式来繁殖，成功率高。请参考61页金晃丸的播种繁殖。

日照：全日照。日照不足易徒长变形，适合摆放在阳台或顶楼、阳光充足的位置。

施肥：可在栽培土内调入有机肥料做为基肥，每三个月加入长效性肥料。

黄金司

刺向内卷的指形仙人掌

科别：仙人掌科
学名：Mammillaria elongata
花期：约每年3月～4月

特　征

黄金司是小型种群生状的仙人掌，它最大的特色是刺内卷，徒手触摸也不太会被刺到，深绿色的茎如手指一般具有乳突状，被密布的刺所遮掩。乳突尖端长刺座，刺为黄色约15～20根，向内凹。

春天会于生长点下方的疣腋开出淡黄色的花朵，花朵直径约为1公分，有时一朵或多朵群开，如同黄色花冠一样。但花色与刺的颜色相近，不甚起眼，会结出红色果实。它的造型与刺较花更具有观赏价值，是许多人的入门品种，另外，其亮丽的外型，用于组合盆栽上，具有视觉加强的效果。

绿手指小百科

水分：可利用土壤颜色判断，等泥土很干再浇水；如果表面有铺上一些彩色石头或是一些装饰铺面等，而无法判断土壤颜色时，建议你不妨把牙签或免洗筷插在土里约20～30分钟后，再抽出观看颜色，决定是否给水。

繁殖：通常以拔侧芽来扦插或播种繁殖，成功率高。

日照：全日照。日照不足易徒长变形，适合摆放在阳台或顶楼、阳光充足的位置。

施肥：可在栽培土内调入有机肥料做为基肥，每三个月加入长效性肥料。

准备工具

黄金司5厘米盆栽1个·喷水器1个·培养土·5厘米花器1只·小布丁烤皿1个

薄塑料手套1双·棉手套1双

≤ Step by step 栽种步骤 ≥

1

2

1 买盆栽

生长旺盛无徒长、刺座完整

到花市挑选植株生长旺盛无徒长，刺座完整及侧芽较多的盆栽。

3–a

2 换盆

运用小型食器

可以随手利用家中废弃不用的小型食器进行换盆，增加盆栽观赏的趣味性。

3 扦插繁殖

3–a 取茎干

戴上两层手套，将黄金司过于密集的侧芽摘取下来，放置在通风处阴干。

3–b 植入

将摘下的侧芽——插入栽培土中，一盆约插入3～5个，最后用喷水器将土完全喷湿就完成了。

4 播种繁殖

4–a 取果实

以镊子取下成熟的果实。

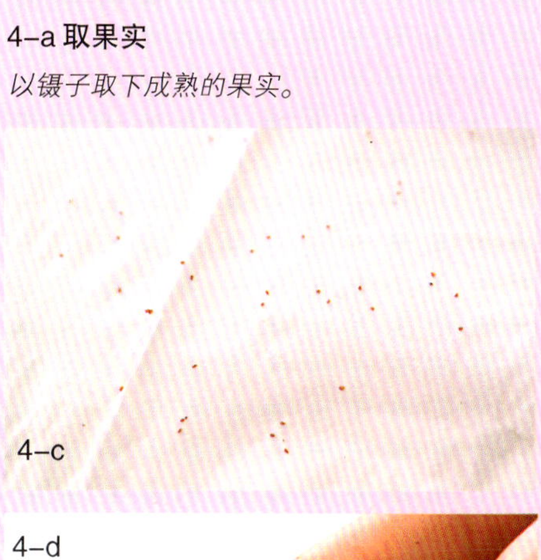

4–b 清洗

将取下来的果实放置在细纱网上清洗。

4–c 阴干

将洗净的种子放在通风阴凉的地方阴干。

4–d 播种

把阴干的种子收集起来，均匀地洒在新的培养土上，最后再用喷水器将土完全喷湿，就可以放置在阴凉处等待发芽。

QA大栽问

Q：如何分辨仙人掌与多肉植物？

A：一般粗略地来分，仙人掌是有刺的，而大部分的多肉植物是没有刺的。不过也有一些例外的品种，例如鸾凤玉、兜丸、乌羽玉等就是少数没刺的仙人掌，而某些大戟科的多肉植物就有刺，还是要靠多接触与了解，才能正确地判别两者的差异。

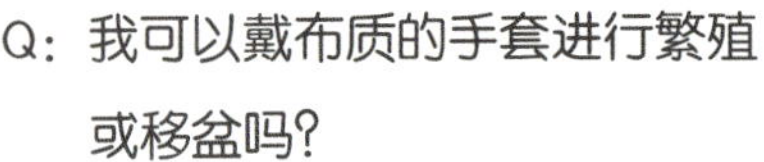

Q：我可以戴布质的手套进行繁殖或移盆吗？

A：建议最好选择表面平滑的手套，因为有些仙人掌的刺太细小，如果使用布质的手套，容易让刺扎在缝隙中，既不易察觉，也不易拔出。

相似品种大不同

赤刺黄金丸

科别：仙人掌科

学名：*Mammillaria elongata echinaria rubrispina*

黄金丸为小型种的仙人掌，和黄金司很像，但刺较硬且部分刺会突出，细柱形的棱如手指状，具乳突，花会盛开在生长点下方的疣腋间，花淡黄色，直径约一公分左右。容易长侧芽形成群生状，可以拔取侧芽扦插繁殖。

白 星

刺像鸟羽毛一样细致的仙人掌

科别：仙人掌科
学名：Mammillaria plumose
花期：约每年4月~7月

特 征

白星是小型种仙人掌，白色的刺很软且生长很密集，边刺上带有细毛，近看就像鸟的羽毛般细致。它的新刺看起来颜色较深，但越成熟刺色就越淡。

它茎上的乳突很明显，淡黄色的花苞由乳突与乳突间冒出，带着香味，午后花会闭合。乳突本身具有繁殖力，如果掉在土里也会生长，但生长速度非常缓慢，建议以此法繁殖，花期后会结出浅绿色的果实。

绿手指小百科

水分：可利用土壤颜色判断，等泥土很干再浇水；如果表面有铺上一些彩色石头或是一些装饰铺面等，而无法判断土壤颜色时，建议你不妨把牙签或免洗筷插在土里约20~30分钟，再抽出观看颜色，决定是否给水。

繁殖：以播种或扦插的方式来繁殖，成功率高。可参考67页黄金司的扦插繁殖。

日照：全日照。日照不足易徒长变形，适合摆放在阳台或顶楼、阳光充足的位置。

施肥：可在栽培土内调入有机肥料做为基肥，每三个月加入长效性肥料。

日之初丸

刺像鸡爪子的仙人掌

科别：仙人掌科
学名：*Ferocactus latispinus*
花期：约每年4月～6月

特　征

日之初丸是扁圆形的仙人掌，单一球体生长，茎的颜色为深青绿色，棱线较为锐利，刺座上有棉毛，红褐色的主刺较宽，有点像鸡的爪子，刺倒钩且非常锋利，一旦不小心钩到就会流血，新长出来的刺较红，棱数为8～21棱，会随着体型变大而逐渐增加。

每年约春到夏季会开出紫红色的花，花苞上有着鳞片状的萼片，花朵直径约4～4.5公分，每片花瓣的中间具深紫色的纵纹。

绿手指小百科

水分：可利用土壤颜色判断，等泥土很干再浇水；如果表面有铺上一些彩色石头或是一些装饰铺面等，而无法判断土壤颜色时，建议你不妨把牙签或免洗筷插在土里约20～30分钟后，再抽出观看颜色，决定是否给水。

繁殖：以播种的方式来繁殖。

日照：全日照。日照不足易徒长变形，适合摆放在阳台或顶楼、阳光充足的位置。

施肥：可在栽培土内调入有机肥料做为基肥，每三个月加入长效性肥料。

准备工具

日之初丸7.5厘米盆栽1个·喷水器1个

培养土·12.5厘米素烧盆1只·剪刀1把

≤Step by step 栽种步骤≥

1

1买盆栽

生长旺盛无徒长、刺座完整

日之初丸最大的特色是它的刺与浑圆的外形,所以到花市挑选时以此为挑选的重点。植株生长旺盛、浑圆无徒长，刺座完整无脱落，而且生长点附近刺较红的植栽。

2–a

2 换盆

2–a 将植栽取出

用手轻捏盆器，将日之初丸取出，取出时用手扶住刺座中心才不会扎手。

2–b

2–b 剪根

将老根剪除，只需要留下约1公分的长度。最好是先将根部洗净再修剪以免感染。

2–c 阴干

将剪好根的植栽放置在通风处阴干，等待切口完全干燥再移植。

2–d 植入

先将盆土中心挖出一个凹槽以便植入根部，深度约1公分，再将切口已干燥的植栽种入盆土内。

2–e 喷水

最后用喷水器将土壤完全喷湿即可。

QA大栽问

Q：多久要换土、换盆一次？

A：通常植株在盆内一段时间后，土壤会硬化与酸化，最好是两年换一次土，因为仙人掌与多肉植物生长速度慢，不论它是否长大都应该换土，或者是植株状态不错，茎叶已茂盛到超过盆缘，这时也最好给它换个新家。

Q：仙人掌长介壳虫了怎么办？

A：如果情况不是很严重，可以用牙刷轻轻地把它刷掉；但严重时，请至农药行购买夏油喷洒于植株，就可以获得改善。

一定要知道

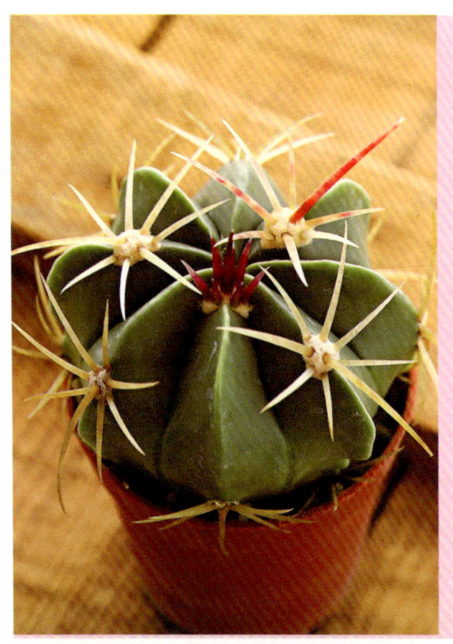

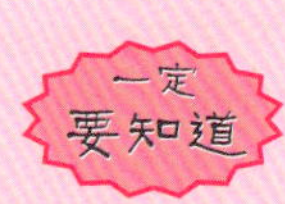

相似品种大不同

赤城

科别：仙人掌科

学名：*Ferocactus macrodiscus*

赤城与日之初丸为同科属的仙人掌，外型很像，都具有桃红色的花、扁圆形的球体，体色也为深暗绿色，棱数也会随体积增大而增多。与日之初丸较不同之处是棱的边缘有些不明显的波浪，差异最大的是刺无倒钩，而且生长点附近的新刺原为红褐色，之后会渐渐变成黄色。

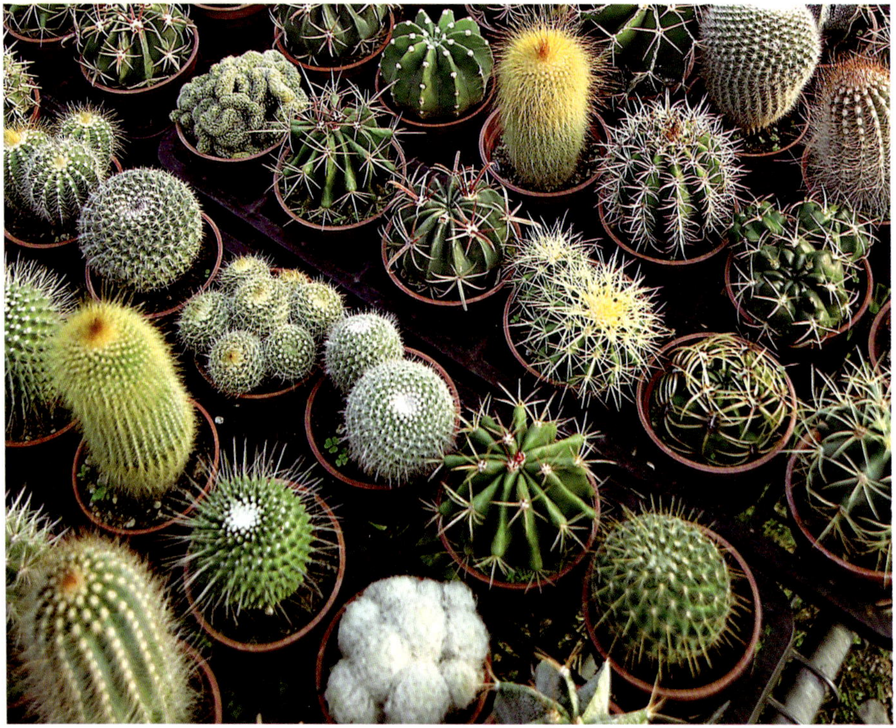

杜威丸

刺最像蒲公英的仙人掌

科别：仙人掌科
学名：Mammillaria duwei
花期：约每年4月～5月

特　征

杜威丸是小型种仙人掌，容易长侧芽形成群生状；最大的特色是它边刺形状像极了蒲公英，由刺座上突起一根颜色较深的主刺，有些倒勾。刺座密布，几乎完全遮住茎部，只露出茎的基部。

杜威丸从生长点附近的疣腋开出淡淡优雅的黄色小花。尤其在群生的盆栽，小巧可爱，是值得细细观察欣赏的小型仙人掌。

绿手指小百科

水分：可利用土壤颜色判断，等泥土很干再浇水；如果表面有铺上一些彩色石头或是一些装饰铺面等，而无法判断土壤颜色时，建议你不妨把牙签或免洗筷插在土里约20～30分钟后，再抽出观看颜色，决定是否给水。

繁殖：以播种的方式来繁殖，成功率高。可参考67页黄金司的扦插繁殖。

日照：全日照。日照不足易徒长变形，适合摆放在阳台或顶楼、阳光充足的位置。

施肥：可在栽培土内调入有机肥料做为基肥，每三个月加入长效性肥料。

新天地

刺向内勾的仙人掌

科别：仙人掌科

学名：Gymnocalycium saglione Br.&R.

花期：约每年4月~6月

特　征

新天地为扁圆球状的仙人掌，茎为深绿色，棱线并不明显，具有瘤状突起会长出刺座，刺座上具白色棉毛，与其他品种相较起来它的刺较硬，主刺有1~3根，边刺则有12根，刺长约3~4.5公分。

它新长出来的刺较黑，整体外形就如同被蚊子叮的满头包的头，花为粉红色，花冠筒上有着像鱼鳞一般的鳞片，拨开时会有些黏液，雄蕊与雌蕊都是淡黄色，花期后会结出桃红色外皮厚的果实。

绿手指小百科

水分：可利用土壤颜色判断，等泥土很干再浇水。

繁殖：以播种的方式来繁殖。可参考19页金琥的播种繁殖。

日照：全日照。日照不足易徒长变形，颜色变淡，适合摆放在阳台或顶楼、阳光充足的位置。

施肥：可在栽培土内调入有机肥料做为基肥，每三个月加入长效性肥料。

Lion锦

刺像白色毛发的趣味仙人掌

科别：仙人掌科

学名：Oreocereus bruemnowii Backbg.

特　征

Lion锦为刺翁柱仙人掌，灌木状群生，一个仙人掌的棱数为9～11棱，具波浪形的瘤状突起，刺座大，具有白色短棉毛，会同时长出硬刺与白色丝状钢毛。

它的刺非常硬，侧刺为8根，长度约为2公分，而主刺约为4.5～5公分，白色的毛像是它的头发一般，长度约为3～4公分，生长点附近较白而且也较为密集，远远望去就像是强悍的老者。

绿手指小百科

水分：可利用土壤颜色判断，等泥土很干再浇水；如果表面有铺上一些彩色石头或是一些装饰铺面等，而无法判断土壤颜色时，建议你不妨把牙签或免洗筷插在土里约20～30分钟后，再抽出观看颜色，决定是否给水。

繁殖：以播种或胴切的方式来繁殖。请参考61页金晃丸的播种繁殖。

日照：全日照。日照不足易徒长变形，适合摆放在阳台或顶楼、阳光充足的位置。

施肥：可在栽培土内调入有机肥料做为基肥，每三个月加入长效性肥料。

狮子王丸

刺像扁宽剑形的仙人掌

科别：仙人掌科
学名：Notocactus mammulosus “pampeanus”
花期：约每年5月～7月

特 征

狮子王丸为扁球状的仙人掌，茎的颜色为深绿色，茎上有15～19棱，棱则带有些波浪状突起，让它的球体看起来更有造型。刺座上有许多白色棉毛，通常主刺是1～2根，长度约1.5～2公分，有点扁宽如剑；而侧刺则有6～8根，刺为茶黄色，一般靠近基部颜色较接近深褐色。

它的花苞由白色软毛及褐色硬毛包裹着，鲜黄色的花朵，有着像杯子形状的外观，花朵直径约为4～5公分，雄蕊黄、雌蕊红形成强烈对比，花瓣很薄易损伤，晚上会闭合。

绿手指小百科

水分：可利用土壤颜色判断，等泥土很干再浇水；如果表面有铺上一些彩色石头或是一些装饰铺面等，而无法判断土壤颜色时，建议你不妨把牙签或免洗筷插在土里约20～30分钟后，再抽出观看颜色，决定是否给水。

繁殖：以播种的方式来繁殖。请参考39页小町的播种繁殖。

日照：全日照。日照不足易颜色变为浅绿色，易腐烂，最好摆放在阳台或顶楼、阳光充足的位置。

施肥：可在栽培土内调入有机肥料做为基肥，每三个月加入长效性肥料。

王冠龙

像发光球体的仙人掌

科名：仙人掌科
学名：Ferocactus glaucescens
花期：约每年4月～5月

特　征

王冠龙属于球型仙人掌，是单一球体生长，茎的颜色为青绿色，表面像是扑了一层白粉似的，感觉上有点粉蓝。它的棱线整齐利落，再配上黄金色的刺，就如同发光的球体一般。

全株约有13棱，刺为直针状，长约3～4公分。黄色的花朵直径约2～3公分，容易自花授粉。黄色果实具果香，剖开来看就像是迷你的火龙果，所以常常在果实未成熟前，蚂蚁已在旁边等着分食。

绿手指小百科

水分：泥土很干再浇水。

繁殖：以播种方式繁殖。请参考19页金琥的播种繁殖。

日照：全日照。

施肥：可在栽培土内调入有机肥料做为基肥，每三个月加入长效性肥料。

近卫柱

刺像牙签的柱形仙人掌

科别：仙人掌科
学名：Stetsonia coryne

特　征

近卫柱是大型种的柱形仙人掌，单干生长的仙人掌，它的刺光看就非常强悍，而新生的嫩刺较软，基部是黄色，末梢则是茶褐色。刺越长质地越硬，所以每个刺座上有1根主刺和11根边刺，小朋友都说刺像针，而大朋友则说它是“牙签仙人掌”，整体来说近卫柱是很具代表性的仙人掌品种之一。

近卫柱最常使用播种繁殖，实生苗长到2.5公分以前，生长速度较缓慢，要长到很高大才会开花，目前在台湾几乎看不到开花的植株。新生的茎较有光泽，植株越成熟表面就会变成较暗淡的蓝绿色。

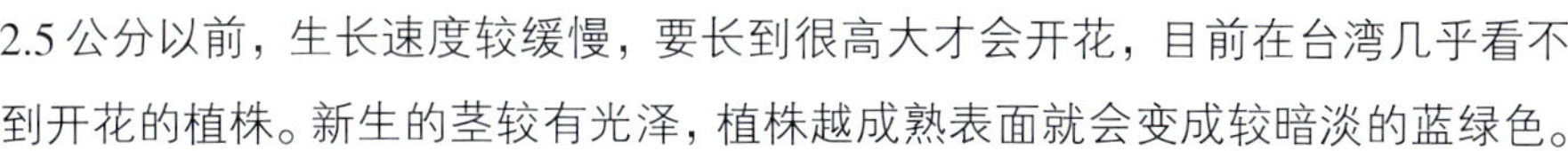

绿手指小百科

水分：泥土很干再浇水。

繁殖：以播种或胴切方式繁殖。可参考61页金晃丸的播种繁殖。

日照：全日照。

施肥：可在栽培土内调入有机肥料做为基肥，每三个月加入长效性肥料。

Unit 4

叶之曲线 Blade

叶子的风采往往会被花儿抢过，

但在仙人掌与多肉植物的世界里，

叶子有时才是引领风骚的主流。

多肉植物肥厚的叶子很多变，呈现出不同的美感，

像黑法师、美丽莲呈现叶片的排序之美；

火祭、吹雪之松锦又因季节不同而表现色彩之美，

熊童子，肥嘟嘟像熊掌一样的叶片，

逗趣的模样让生活也跟着可爱了起来。

1CUP
3/4
1/2
1/4

玉扇

有玉质透明感的多肉植物

科别：百合科
学名：Haworthia truncate Schonland
花期：每年4月~10月

特　征

玉扇属于百合科的多肉植物，叶片深绿肥厚，叶长3~5公分、叶宽1~2公分，由基部展开如扇，几乎看不到茎。植株本身带有类似玉质的透明感，它最特别的就是叶片上方是非常平整的，有些还具有白色条纹，会让人误认为是刻意切出的平口。

花茎很长，从叶间长出，会开出白色小花。根部肥大，栽种时，要选择较深的容器。如果要做成组合或创意盆栽时，也可以露出少部分的根，会产生不同视觉效果。

绿手指小百科

水分：可利用土壤颜色判断，等泥土很干再浇水。

繁殖：分株或叶插、根插、播种方式繁殖皆可。特别是长出的侧芽可于春秋两季进行分株繁殖，成功率很高。

日照：全日照。强烈的日照叶片会偏红，夏季时需稍加遮荫。

施肥：每三个月加入长效性肥料。

介质：由于根部肉质化，最好使用排水良好的介质栽种，以免因为土壤含太多的水分而导致根部腐烂。

准备工具

玉扇7.5厘米盆栽1个·喷水器1个·培养土·7.5厘米花器1只·小刀1把

≤ Step by step 栽种步骤 ≥

1

2–a

1买盆栽

生长旺盛、植株饱满

到花市选购时，选择叶片肥厚、无徒长及病虫害的，而且叶上纹路透澈清晰的盆栽。

2根插繁殖

2–a 取出根

挑选根部成熟肥大的盆栽，用手握住叶片，把植株轻轻取出。

2–b

2–b 清理

轻轻拨去植株上的土壤，清除老化或枯萎的根部，留下健康肥大的根。

2-c 切下

找到根与叶的接触点，用干净的刀片切下玉扇的根部，约3～5条。

2-d 植入

将切下的根，一一植入培养土中，只要露出约0.5公分的长度即可，最后用喷水器将土完全喷湿即可。

3 发芽

长出幼叶

约两个月后，会开始冒出新的幼叶。

QA大栽问

Q：根插后多久才会发芽？

A：根插后，土壤要保持湿润，约1～2个月发芽，夏天要注意遮荫，避免正午阳光直射。

Q：我家的玉扇盆栽下方的叶片有腐烂情形，要如何处理？

A：当发现玉扇下方叶片有腐烂现象时，最好先把整株拔起，并且将腐烂的根、叶处理干净后，于伤口处涂上大生粉等杀菌剂，而后放在阴凉通风处待伤口风干再行种植。

相似品种大不同

绿玉扇

科别：百合科

学名：*Haworthia truncata cv.*

花期：约每年7～10月

绿玉扇与玉扇的外观、特征很像，最大的区别就是叶色不同，玉扇叶则偏红褐色；而绿玉扇的叶皆为翠绿色，就像一个用翠玉精心雕刻的作品，十分雅致迷人。

※栽培及繁殖都可参考玉扇作法，是好看又好种植的多肉植物。

吹雪之松锦

春天叶会变色的多肉植物

科别：马齿苋科
学名：Anacampseros rufescens f. variegata
花期：约每年4月~5月

特　征

吹雪之松锦是马齿苋科的小型种多年生多肉植物，叶片呈螺旋形生长，紧密排列，具垂悬性。叶面是绿色，叶背为桃色，叶质软而肥厚，最特别的是一到春天，新生的叶片颜色会呈浅绿色，而叶尖附近会出现黄或粉红的斑纹。

吹雪之松锦于叶腋间会长出白色的毛，看起来有些像白色的丝状毛，花梗长，花期时由叶端突起，花为桃红色，全株观赏价值极高。

绿手指小百科

水分：可利用土壤颜色判断，等泥土很干再浇水。冬天、夏天季生长迟缓少量给水。

繁殖：播种、扦插、叶插方式繁殖皆可。可于春秋两季进行扦插繁殖，成活率很高。请参考93页熊童子的扦插繁殖。

日照：全日照。

施肥：可在栽培土内调入有机肥料做为基肥，每三个月加入长效性肥料，夏天休眠期则不用施加肥料。

フラワーブック
e-MOOK

熊童子

最像熊掌的多肉植物

科别：景天科

学名：Cotyledon tomentosa subsp.tomentosa

英名：Cub’s paws，bear claws

特　征

熊童子是景天科多年生的草本植物，植株高度约20公分，有着长得像熊掌的叶子，肥肥胖胖又带有一层软毛，不论是外观或触感，几乎是让人一眼就会喜欢上的可爱植物。

对生的叶子，叶缘带有钝钝的锯齿状，日照充足的时候，锯齿状的部分会出现红斑，就像是涂上红色指甲油的熊掌，十分讨喜，春秋两季生长旺盛，但要注意补充水分，一旦严重缺水，容易造成叶片缩皱变小，影响外观造型。

绿手指小百科

水分：可利用土壤颜色判断，等泥土很干再浇水；如果表面有铺上彩色石、发泡炼石等铺面而看不到土壤状态，建议你不妨把牙签插在土里约20～30分钟后，再抽出观看颜色，决定是否给水。

繁殖：以茎插方式繁殖。

日照：全日照。但夏季高温时最好适时进行遮荫，避免强光照射造成叶片受损。

施肥：请于春秋两季，施加完全发酵之有机肥料或含氮磷钾三要素之复合性肥料。

准备工具

熊童子10厘米盆栽1个·喷水器1个·培养土5厘米花器1只·剪刀1把

≤ Step by step 栽种步骤 ≥

1

1 买盆栽

植株翠绿茂盛

到花市挑选植株健康翠绿、分枝多、茎枝成熟的盆栽，且无枯黄及落叶现象的盆栽。

2–a

2–a 剪枝

挑选成熟粗壮的茎枝剪下。

2–b 阴干

将切下的茎干放置在通风处阴干。

2–b

2–c 植入

将剪下来的茎枝阴干后，再插入盛满新土的盆器里，最后用喷水器将土完全喷湿，约15～30天会发根。

2–c

QA大栽问

Q：为什么切下来的枝干要阴干？

A：多肉植物的茎叶含较多的水分，当切口一大，如果没有阴干就直接扦插，很容易造成感染而导致腐烂。

Q：熊童子的叶会掉落是因为缺水吗？

A：恰好相反，不是缺水而是水分过多。所以在照顾上要注意水分控制，务必等土干了再浇，以避免过湿叶片腐烂而掉落。

Q：我家的熊童子买回来后没多久，茎叶就开始变长，绒毛也变得灰暗、没光泽，是生病了吗？

A：造成茎叶变长、绒毛失去光泽最有可能的原因就是光线不足，建议你不妨把盆栽换到阳光充足的位置，相信熊童子很快就可以恢复活泼可爱的生气了。

相似品种大不同

月兔耳

科别：景天科

学名：Kalanchoe tomentosa Bak.

月兔耳也是景天科的多肉植物，外型就像熊童子一样充满童趣，肥厚的肉质叶片，细长的椭圆形叶面布满灰白色绒毛，像极了小白兔的耳朵，最好辨认的是它叶缘还带有黑色至深褐色的绒毛，也是畅销的人气植物之一。

※照顾上要注意避免土质过干，可以用叶插和侧芽繁殖。

火 祭

叶子像火焰的多肉植物

科别：景天科
学名：Crassula cv. ‘Himaturi’
花期：约每年8月～9月

特 征

景天科多肉植物，多年生草本，叶对生，像是紧密生长的x形，直径约6～10公分，侧芽由叶腋长出形成群生状。叶片肥厚，呈绿色，待秋冬天气转冷后，叶片也会转为火红色，可做为过年期间应景的盆栽。

花白色，开花前叶片会变窄、变小，开花后有些植株会变得羸弱而干枯，留下一些侧芽做为繁衍，秋季则是适合扦插的季节，可以露天栽培，但要小心蜗牛为害。

绿手指小百科

水分：秋冬春为生长期，需供应充足的水分，视土壤颜色判断，待表土干燥后再浇水，夏季则可减少给水量。

繁殖：秋、冬、春三季可以进行扦插或叶插法繁殖。请参考90页熊童子的扦插繁殖。

日照：喜爱日照，全日照或半日照皆可。能摆放在阳光充足的位置为佳，有助于植株的生长，夏季需稍加遮荫。

施肥：可在栽培土内调入有机肥料做为基肥，每三个月加入长效性肥料。

美丽莲

花叶都具特色的多肉植物

科别：景天科
学名：Graptopetalum bellum
英名：Tacitus bellusbella
花期：约每年5月~6月

特　征

美丽莲是景天科的多年生草本植物，属于小型种，外观侧看为扁平状，生长速度缓慢，但叶片肥厚光滑，如花一般的排序。比较好辨认的是叶缘具有红色边，茎部极短，由叶腋间长出侧芽，可以切下来繁殖或者是任其呈群生状。

花梗细长，开伞形花序的红色花朵，是一种可以赏花也能赏叶的品种，栽培时以排水良好的土质为佳。

绿手指小百科

水分：可利用土壤颜色判断，等泥土很干再浇水。

繁殖：以分株方式繁殖。请参考93页熊童子的扦插繁殖。

日照：全日照，夏季需稍加遮荫以免晒伤。

施肥：请于春秋两季，施加完全发酵之有机肥料或含氮磷钾三要素之复合性肥料，夏天休眠期则不用施加肥料。

油点百合

茎像酒瓶的百合科植物

科别：百合科
学名：Scilla pauiflora f.
花期：约每年4月～5月

特　征

油点百合属于百合科小型种的多年生多肉植物，通常会由茎部顶端长出3～5片肉质叶片，它最大的特色是紫红色的球茎部位肥大如酒瓶状，以及叶片上带有类似油渍不规则的斑点，整体看来非常小巧可爱。

油点百合的花期是春天，花梗长，会由顶端开出一串白色的小花，总状花序，花朵小直径约0.5公分。进入夏季后，它的叶片容易因日照过度而偏黄，需要稍微留意遮荫。

绿手指小百科

水分：泥土干再浇水。

繁殖：以分株方式繁殖为主。侧芽会由原株的下方冒出，容易形成群生状，可以等侧芽球茎较成熟时，切下分株移植。

日照：全日照、半日照皆可。通常日照越充足，酒瓶状的球茎就会越肥厚饱满，观赏价值就越高，若日照不足，茎、叶则会抽长失去原有的特色。

施肥：可在栽培土内调入有机肥料做为基肥，每三个月加入长效性肥料，夏天休眠期则不用施加肥料。

准备工具

油点百合 7.5 厘米盆栽 1 个 · 喷水器 1 个

培养土 · 7.5 厘米花器 1 只 · 造型花器 1 个

≤ Step by step 栽种步骤 ≥

1

1 买盆栽

生长旺盛、植株饱满

到花市挑选植株生长旺盛、植株饱满及叶片完整的盆栽。

2

2 换盆

挑选造型可爱的花器

可以依植株大小选择合适的创意容器，将油点百合换个新家，就更具有装饰性的效果。

3–a

3–b

3 分株繁殖

3–a 找到分株点

取出植株，挑选母株旁的侧芽，找到分株点。

3–b 取下植入

取下侧芽，植入新的盆土里，露出 1/2 的球茎。

3–c

3–c 完成

种入新盆土后，再用喷水器把土喷湿即可。

QA 大栽问

Q：我的油点百合，叶子不断抽长，叶色也越来越淡，是养分不足的原因吗？需要施肥吗？

A：很有可能的原因是日照不够，只要将盆栽移至日照更充足的地方，应该可以改善这样的情形。

Q：何谓休眠？

A：某些仙人掌与多肉植物在天气过冷或过热的情况下，会产生停止生长或生长迟缓的现象，称为休眠。有些仙人掌会夏天休眠，有些则是冬天休眠，因品种而异，不论夏眠或冬眠，此段时间最好减少浇水（甚至是断水），也不需要施肥；夏眠者则需要做遮荫处理。

相似品种大不同

大苍角殿

科别：百合科

学名：Bowiea volubilis Harv. Et Hook

和油点百合一样，有着很像洋葱的鳞茎，颜色为浅绿色，可长至直径10公分以上，茎顶长出细长的蔓茎，叶子互生翠绿色，针状分叉如鹿角一般；花白色，夏季休眠时枝叶枯黄，此时需断水，可以播种或分株法繁殖。

不死鸟

叶片有美丽纹路的多肉植物

科别：景天科
学名：Kalanchoe ‘Hybrida’
别称：good-luck Plant
花期：约每年 12～2 月
花期：约每年 12 月～来年 2 月

特　征

很多人听到不死鸟的名字，都感到很好奇，是表示真的种不死吗？顾名思义是它拥有着很强悍的生命力，一点点的土粉就足以让它生存下来。叶是长纺锤形，肥厚对生，最特别的是叶缘带有锯齿状，齿端还会生长出不定芽[注1]，通常不定芽只要掉在土上很容易就长出新的苗，常常可以在住家的屋檐、屋角发现到它的踪影。

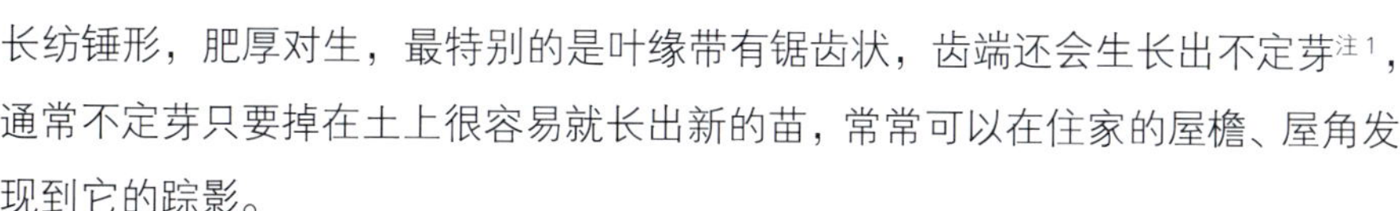

许多人对它的第一印象是它叶片上褐色的美丽纹路，冬天会开出红色的钟形花，伞形花序，花的寿命长，可以增加观赏价值。

绿手指小百科

水分：可利用土壤颜色判断，等泥土很干再浇水。

繁殖：以扦插或是叶片上的不定芽繁殖。

日照：全日照。

施肥：不需施肥。

注 1：不定芽

不是由叶腋或枝顶发出，而是由其他部分发生的芽。

准备工具

不死鸟 7.5 厘米盆栽 1 个 · 喷水器 1 个 · 培养土 7.5 厘米花器 1 只 · 大剪子一把

≤ Step by step 栽种步骤 ≥

1

1 买盆栽

叶肥厚、无徒长现象

到花市挑选叶子肥厚无徒长的盆栽。

2

2 两种繁殖方式

剪叶

挑选成熟，健康的叶片剪下，进行叶插繁殖。

2–b

2–a 插叶繁殖

因为不死鸟是属于落地生根的植物，所以只需要将剪下的叶子放置在新的盆土上即可。

2–a

2–b 不定芽繁殖

取下叶片上的不定芽后，轻放在手掌心，再平均洒在湿润的新栽培土上即可。

QA大栽问

Q：不定芽播种后多久才会发芽？

A：有些不定芽在植株体上就已经长了根，一旦接触到土面便开始生长，如果土壤保持湿润，成长速度会更快。就算是没长根的小苗，也会在短时间内就长根成长。

Q：我要如何挑选大小适当的盆器？

A：有许多人喜欢把小小的仙人掌，栽种在大大的盆器内，也许是期望它快快长大，也可能是懒得换盆。无论如何这样并不是恰当的做法，植物也不会因此而长得特别快。通常盆器的大小约比植株直径大2～3公分，一来较为美观再者对植株的生长也比较好。

相似品种大不同

锦蝶

科别：景天科

学名：Kalanchoe tubiflora Hamet

花期：约每年12月～来年2月

锦蝶和不死鸟一样具有超强生命力，属于景天科多年生的草本植物，叶片细长呈现圆棒状，叶表为绿色带有紫褐色斑，茎细、叶片尖端会长出许多不定芽，不定芽落地就会生根成长，而冬天会开出橙红色的钟形花朵。

新玉つづり

成串垂悬展示的可爱植物

科别：景天科
学名：Sedum burrito
别称：小型玉珠帘
花期：约每年7月~8月

特　征

新玉**つづり**[注1]是景天科的多肉植物，粉绿色的叶子质地肥、小巧可爱。待植株较长时会垂悬下来，也很适合做阳台吊盆。定位后就不要移来移去，因为每移动一次叶片就掉一些，到后来只剩下光溜溜的茎，失去美感。

新玉的繁殖通常以扦插或者是叶插法繁殖，所以掉落的叶片别急着丢掉，每一个叶片都能成为新的植株。

绿手指小百科

水分：春秋两季为生长期需充分给水，看表土干了即可浇水。

繁殖：秋季以扦插、叶插方式繁殖。

日照：全日照。阳光需求较高，尽可能放在光线充足的地方。

施肥：可在栽培土内调入有机肥料做为基肥每三个月加入长效性肥料。

注1：新玉つづり

许多仙人掌的名字，是从日文直接翻译来的，所以有些还保留着日文名字。

准备工具

新玉つづり5厘米盆栽1个·喷水器1个

培养土·7.5厘米花器1个·白色小碟子1个

≤Step by step 栽种步骤≥

1买盆栽

生长旺盛、叶片饱满

到花市挑选植株生长旺盛、叶片饱满且无掉落的盆栽。

2叶插繁殖

2–a 喷湿土

把盛好的新盆土用喷水器喷湿。

2–b 摘叶

挑选健康的植株，摘下肥厚饱满的叶片。

2–c 阴干

将叶子放置在干燥通风的地方阴干。

2–d 植入

叶片的切口朝下——斜放在栽培土上即可。

2–e 移盆

等叶插发芽成长至2公分，即可将幼苗一一移植至新盆器，让它独立生长。或者将叶片直接放在预定的盆器内生长，以免多次的移动让叶子掉落。

QA 大栽问

Q：为何叶插无法成功?

A：景天科的某些品种具有落地生根的特性，繁殖时可利用叶片培育新的植株，听到这里很多人就兴致勃勃地将叶子往土里插，结果不是烂掉就是很久也长不出芽来，其实叶插很简单，只是把叶子放在土上就会长根发芽。

Q：如何促使植株成为群生状?

A：可以利用破坏生长点的方式，迫使其生出侧芽来，而达到群生的姿态。简单地说：就是剪枝。例如景天科的多肉植物就可以用这样的方式促进侧芽生长，盆栽看起来也比较茂盛好看。而仙人掌就可以用胴切的方式，达到群生的效果，例如:金琥、金晃等。不过并不是每个品种都适用，有些可能仅会长出1～2根侧芽，如龙神木、金青柱，不但没有增加美感反而多了伤口破坏原貌。

相似品种大不同

玉串

科别：景天科

学名：*Sedum morganianum*

别称：玉珠帘

玉串的叶片较新玉つづり大，椭圆披针形叶，叶长约两公分，有些弯曲，粉绿色披着白粉，叶片密集生长将整个茎包着。茎部具有匍匐性，越长越会产生垂悬效果，适合做为吊盆植物。

黑法师

叶像花绽开的多肉植物

科别：景天科
学名：Aeonium arboretum var. atropurpureum
别称：暗夜笠

特　征

黑法师是景天科较少见的暗色调品种，通常在花市里常让人第一眼就忍不住爱上它，暗红色的叶片像花一样地呈放射状排序，随着植株成长，下方的老叶就会掉落，看起来就更像一朵绽开的花朵。

黑法师本身很少开花，尤其是开花后植株会变得虚弱，但春、夏季生长较为旺盛，会在叶腋间长出新的芽点，繁殖或移植尽量在这两季进行。一般常见到的是9公分的植栽，可别以为它只有这么小，多年生的黑法师可以长到1公尺左右，所以长期栽培者最好能每年换盆一次。

绿手指小百科

水分：可利用土壤颜色判断，等泥土很干再浇水

繁殖：秋、春两季可以扦插方式繁殖，成功率较高。请参考93页熊童子的扦插繁殖。

日照：全日照。黑法师在日照充足的环境下叶片是暗红色的，但如果光照不足叶片则会逐渐变绿，严重时甚至会变黄落叶，要特别留意。

施肥：可在栽培土内调入有机肥料做为基肥，每三个月加入长效性肥料，夏天休眠期则不用施加肥料。

果实之硕 Fruit

植物为了繁衍后代，
开花之后会结出一颗颗的果实，
仙人掌也不例外。

大部分的仙人掌果实是属于浆果，
为沙漠中的小动物带来偌大的福利，
在遍地干旱里，仙人掌的果实成为最可口的美食，
而对于人类来说，
除了可以食用之外，
果实红通通的模样也是观赏的重点呢！

明 星

果实像小辣椒的仙人掌

科别：仙人掌科
学名：Mammillaria schiedeana Ehrenbg.
花期：约每年10月～11月

特　征

明星属于小型种仙人掌，根部肥大，茎为乳突状，刺座长在乳突的顶端，刺软色黄，细看像蒲公英，生长点附近的刺为鲜土黄色，密集生长。

花是由疣腋间开出，为淡黄色不甚明显，花朵直径约为1公分，通常一次会开出数朵花，开完后会再结红色的果实，像极了一颗颗的小辣椒，反倒是比花更具观赏性。

绿手指小百科

水分：泥土很干再浇水。
繁殖：通常以播种方式繁殖。
日照：全日照。
施肥：可在栽培土内调入有机肥料做为基肥，每三个月加入长效性肥料。
介质：以干净且排水性良好之栽培土栽种。

准备工具

明星5厘米盆栽1个・喷水器1个・培养土・5厘米花器1只・小布丁烤皿1个・细网筛1支盛水碗1个

≤Step by step 栽种步骤≥

1

1 买盆栽

生长旺盛、刺完好

到花市挑选植株生长旺盛、刺完好不脱落的盆栽，开花期间可挑选开花植株，增加观赏性。

2

2 换盆

运用小型食器

可以随手利用家中废弃不用的小型食器进行换盆，可以增加盆栽观赏的趣味性。

3–a

3 播种繁殖

3–a 取果实

挑选成熟的果实摘下。

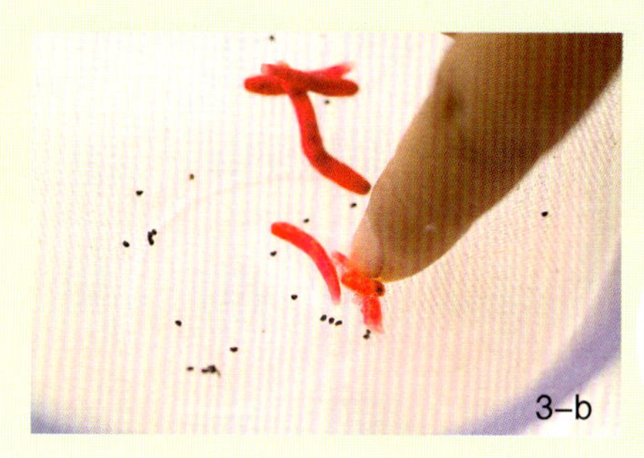

3–b 洗净

利用细网筛把果实上的果浆清洗干净，留下种子。

3–c 倒出

将洗好的种子倒出，放置在通风处阴干。

3–d 播种

将种子洒入后，用喷水器将土完全喷湿，再放置阴凉处等待发芽。

QA大栽问

Q：仙人掌的原生地在那里？

A：提到仙人掌的原生地很多人都会联想到非洲沙漠，其实非洲原产许多多肉植物，甚至于是一些珍贵的稀有品种，但仙人掌的原生地并不在那，而是在美洲大陆及附近岛屿，像墨西哥、马达加斯加等地。

Q：明星的果实可以摘下就直接拿来种吗？

A：最好不要。因为未经处理的种子上附着许多果浆，容易招来蚊蝇，且刚发芽的小苗也会受到霉菌感染而导致腐烂，虽然不经处理，一样会有发芽的机会。但对小仙人掌而言，它们所要面对的困境却是比经过处理的还要来的多。

一定要知道

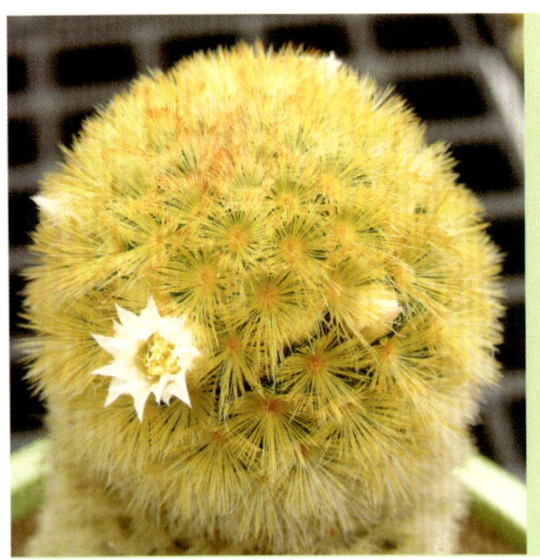

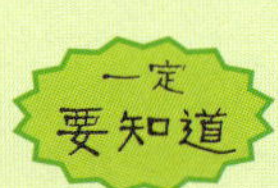

相似品种大不同

赤刺

科别：仙人掌科

学名：*Mammillaria Carmenae "rubrispina"*

球形小型种仙人掌，花为淡粉色，刺为金黄色，老刺颜色会变淡，生长点附近的新刺带点红综色，刺比明星长且硬，由刺座放射状长出，摸起来有点像鬃刷的感觉，不是很刺。

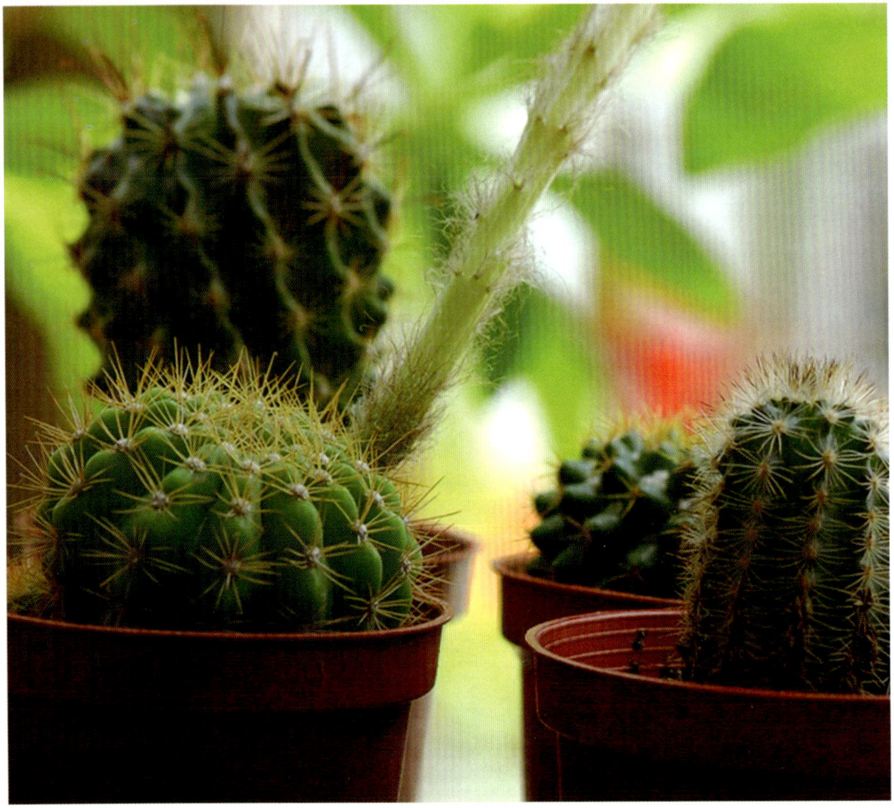

象牙丸

很像释迦的仙人掌

科别：仙人掌科
学名：Corphantha elephantidens(Lem.)Lem.
花期：约每年7月～10月

特　征

象牙丸外表像释迦，长了许多的疣，疣上长刺座，每个刺座会冒出7～9根刺，夏天会开出桃红色的花，花谢后会结出黄绿色果实，果实带有特殊果香。

选购时可以选择疣大、刺粗且生长旺盛的植栽，夏天采买可选择有花苞的。最常用播种的方式繁殖，另外象牙丸也容易常长侧芽，也可拔取侧芽繁殖，生长速度较快。

绿手指小百科

水分：泥土很干再浇水。夏季生长较快需注意水分的补给，冬季温度过低时，则断水或少量给水。

繁殖：通常以播种法繁殖，不过象牙丸常长侧芽，也可拔取侧芽繁殖。请参考139页高砂丸的播种繁殖。

日照：全日照。

施肥：可在栽培土内调入有机肥料做为基肥，每三个月加入长效性肥料。

介质：象牙丸的根较为肥大，可在栽培土内加一些粗颗粒的介质，如发泡炼石、珍珠石等，防止泥土含水过多造成根腐的情形。

巨鹫玉

果实像土番石榴的仙人掌

科别：仙人掌科
学名：Ferocactus herrerae “horridus”
花期：约每年7月～10月

特　征

巨鹫玉是强刺类圆桶型的大型种仙人掌，幼苗时期为球形，成株后渐渐成为桶状。青绿色的茎略为波浪状，刺座整齐、交错排列在棱上，刺座大，上面被覆有绒毛，唯一的主刺宽幅、有明显的倒勾状，质地强硬且带有些韧性不易折断。新的边刺为暗红色，靠近基部的地方颜色较为深红，而老刺颜色则逐渐变为咖啡色。

它的花为黄色，花瓣上具有暗红色的中线，带有淡淡的香气。一朵花约有4～5天的观赏期，午后会闭合。但不易自花授粉，需透过人工授粉的方式以提高结果率。黄色的果实外型有些像土番石榴，外果皮厚、无果浆，有时在拔取的时候种子不小心就会掉出来。

绿手指小百科

水分：观察泥土颜色，等到泥土很干再浇水。

繁殖：以播种方式繁殖。

日照：全日照。

施肥：可在栽培土内调入有机肥料做为基肥，每三个月加入长效性肥料。

准备工具

巨鹫玉果实1个·喷水器1个·培养土·5厘米花器1只·刀片1支

≤Step by step 栽种步骤≥

1

1买盆栽

刺无脱落、植株饱满

由于巨鹫玉的刺倒勾，栽培时或搬运的过程难免会互相拉扯以致勾来勾去的，有时会有刺断掉或是皮破的情形，所以在花市挑选时，要挑选刺无脱落、植株饱满、茎无刮伤的盆栽。

2–a

2 新芽移植

2–a 切开果实

取下1个成熟已变黄色的果实（未成熟时为绿色）后用刀片切开。

2–b

2–b 根部埋进土里

有时果实成熟后，少数种子在果实内就会开始发芽成长，这时你就直接取出小芽将根部埋在土里，让它继续成长。

3 播种繁殖

3–a 取出

巨鹫玉果实的果浆很少，剥开外果皮将种子倒出。

3–b 播种

在酱料碟里盛入新土，再将种子平均洒在土壤表面。

QA 大栽问

Q：仙人掌的花都会香吗？

A：不一定。有些仙人掌的花会香但有些不会，不过一般仙人掌花的香味都是很好闻的，不像某些多肉植物的花的气味会让人闻起来觉得呛鼻。

Q：仙人掌有哪些功能？

A：一般而言，大部分的仙人掌都是拿来作为观赏用。不过有些仙人掌是可以食用的。例如：团扇仙人掌的茎与果实是可以食用的，不过食用前请先小心处理掉那些刺，否则到了嘴巴、喉咙里可就不是闹着玩的。但在仙人掌和多肉植物的原生地，它们可是许多生物的水分补给站，甚至是许多鸟类的庇护所。

相似品种大不同

春楼

科别：仙人掌科

学名：*Opuntia ficus-barbaria Berg.*

春楼和巨鹫玉长的几乎一模一样，都是单一球体生长，棱数大约13～14棱，但不同的是它刺座上有白色短绒毛，而且唯一的主刺虽然有点弯却还没有像巨鹫玉的钩刺弯曲，但末端尖锐锋利，照顾时还是要稍加留意。

圣王丸

绿色果实的仙人掌

科别：仙人掌科
学名：Gymnocalycium buenekeri Smales.
花期：约每年5月~6月

特　征

圣王丸是球形仙人掌，体色为绿色具有光泽，一个球体有5棱，偶而会出现4棱植株，基部会长出侧芽，可以拔下另外栽种，如不拔取则会呈现群生状，但母体就比较不会长大。

花为粉红色，花朵直径约3.5~4.5公分，需人工授粉才容易结成果实，果实为绿色，外皮光滑有光泽，果实成熟后会裂开露出种子，就可以刮下种子繁殖。

绿手指小百科

水分：可利用土壤颜色判断，等泥土很干再浇水。

繁殖：以播种方式繁殖。请参考页121巨鹫玉的播种繁殖。

日照：全日照。

施肥：可在栽培土内调入有机肥料做为基肥，每三个月加入长效性肥料。

VOGUE
十一月十四日
3
星
期

金武扇

果实好吃的仙人掌

科别：仙人掌科
学名：Opuntia multiflora Nick.
花期：约每年7月～10月

特　征

Opuntia属的金武扇，有着像扇子一样大大的茎，一片一片接上去，是属于大型种的团扇仙人掌，黄色的刺，刺座上有3～6根较长的刺，刺长度约1～3公分，另外还有一些短刺。夏天开出黄色的花朵，紫红色的果实，果实外则有许多小刺，摘采时要注意别被刺到。

绿手指小百科

水分：不需要天天浇水，可以观察泥土颜色，等泥土很干再浇水。

繁殖：以播种方式繁殖。

日照：全日照。

施肥：可在栽培土内调入有机肥料做为基肥，每三个月加入长效性肥料。露天栽培时可每月施放有机肥或复合性肥料。

准备工具

金武扇 12.5 厘米盆栽 1 个 · 喷水器 1 个

培养土 · 5 厘米花器 1 只 · 刀片 1 支

≤ Step by step 栽种步骤 ≥

1

2–a

1 买盆栽

生长旺盛、植株饱满

到花市挑选植株生长旺盛、植株饱满的盆栽。

2 压条繁殖

2–a 分割

因为金武扇叶形大，取下一片后，请先切成数片。

2–b

2–b 阴干

将切下的金武扇放置在通风处阴干。

2–c 喷水

用喷水器将土完全喷湿。

2–d 置入

把阴干好的金武扇放在喷湿的培养土上即可。

3 长出新侧芽

约一至两个月后，陆续长出新侧芽。

QA 大栽问

Q：仙人掌的果实都可以吃吗？

A：某些仙人掌的果实含有很多的水分可以食用，最常见的就是火龙果。它也是仙人掌的果实之一，夏天可以买几个放冰箱清凉又退火。除此之外，某些仙人掌果也是很好的食用色素，例如金武扇仙人掌的果实颜色鲜艳就被用来做仙人掌冰与果汁，但也有些果实皮厚无果浆（如巨鹫玉），或是果实太小并不美味。

Q：在台湾气候潮湿多雨，可将仙人掌露天栽植吗？

A：大部分的仙人掌不宜露天栽植，只有少数野性较强的品种可以忍耐高湿的环境，但就算如此栽培时仍要注意排水是否良好。

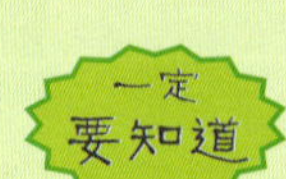

相似品种大不同

宝剑

科别：仙人掌科

学名：Opuntia ficus-barbaria Berg.

宝剑也属于大型种的团扇，长椭圆形的片状茎较金武扇的厚实，刺座上几乎无刺，但生长速度快，无明显花瓣，果实为红色具有甜味。

鸾凤玉

像杨桃的仙人掌

科别：仙人掌科
学名：Astrophytum myriostigma
花期：约每年7月～10月

特　征

鸾凤玉以它可爱的造型及退化到看不见的刺走红于市场，很多人看到它总会惊讶地说："好像杨桃喔！"通常棱数为5棱，但花市里偶尔也会出现4棱或3棱的变种，光滑的茎上布满白色的点点。它的花是黄色，每次会开出1～3朵不等，整个夏天可以连开好几回。

不过植株不太容易长出侧芽，通常以种子来繁殖。绿色果实由许多白毛所缠绕，成熟的果实也会自动迸开成五裂。新鲜的种子发芽率极高，有时来不及采收的种子，也会在盆边长了起来。

绿手指小百科

水分：可以观察泥土颜色，等到泥土很干再浇水。

繁殖：以播种方式繁殖。

日照：全日照。

施肥：可在栽培土内调入有机肥料做为基肥，每三个月加入长效性肥料。

准备工具

鸾凤玉7.5厘米盆栽1个·喷水器1个

培养土·造型花器1只

≤ Step by step 栽种步骤 ≥

1

1 买盆栽

植株饱满、无刮伤

到花市挑选时，记得看到鸾凤玉体上的白点不要以为它生病或是有虫害，尽量挑选植株饱满、无刮伤的盆栽。

2-a

2 播种繁殖

2-a 摘果实

挑选成熟的果实摘下。

2-b

2-b 取出

取出种子播种。

2–c 播种

在酱料碟里盛入新土，再将种子平均洒在土壤表面。

2–d 喷湿

种子洒入后，用喷水器轻轻将土完全喷湿，再放置阴凉处等待发芽。

QA 大栽问

Q：我在花市看到鸾凤玉仙人掌上的白点，是沾到白粉吗？还是有虫？

A：鸾凤玉上的白点既不是粉也不是虫，那是“有星类”仙人掌的自然特征，曾有些人因为好奇而忍不住刮掉，反而留下斑驳的白点，虽不危及生命却使得观赏性降低，所以下次再看到仙人掌上有白点可别以为是生病或有虫害了。

Q：仙人掌上常见的虫害？

A：最常看到的是蝗虫经常出现在团扇仙人掌上啃食。偶尔也会有一些蜗牛、螳螂或是毛毛虫出现，建议先用驱赶的方式，若是真的不行，就可能需要购买除虫剂来解决。

Q：仙人掌与多肉植物可否放在室内观赏？

A：短时间可以。很多人喜欢把仙人掌与多肉植物放在电视上或计算机旁，短时间还可以，不过时间一长，植株可能就会徒长抽长产生不良的影响，建议最好是两三盆更替摆放，一方面可以换个植物换个心情，再者植物也不会因为长期日照不足而徒长、落叶，毕竟仙人掌与多肉植物是阳光之子，充足的日照才可以让它长得又快又好。

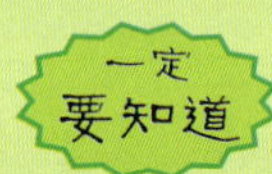

相似品种大不同

般若

科别：仙人掌科

学名：Astrophytum ornatum

以外观来看，般若就像是长了刺的鸾凤玉。幼苗时期为球状，而后渐渐变成短圆柱形。茎为鲜绿色，茎上也有白点，一个茎有8棱，棱的边缘较为锐角，茶黄色的刺是又直又硬非常锐利，不过生长点附近新长的刺则颜色会较深。每年夏天也会开出黄色的花朵。

高砂丸

会旅行的仙人掌

科别：仙人掌科

学名：Mammilaria bocasana Poselger

花期：约每年3月~5月

特　征

高砂丸是小型种球状的仙人掌，容易长出侧芽形成群生状，绿色的单一球体约4~5公分，具有乳突状的疣，刺座长在疣的顶端，刺为白色带有毛状，主刺是红褐色具有倒勾。很容易钩到衣服或动物皮毛上，植株有时就会藉此移动位置繁殖。

它的花为粉红色，花朵直径约1公分，开在疣腋间；花谢后会结出细长粉红的果实，果实内茶黄色的种子则可以拿来繁殖。

▲果实成弯曲条状

绿手指小百科

水分：可利用土壤颜色判断，等泥土很干再浇水。

繁殖：以种子方式繁殖。

日照：全日照。

施肥：可在栽培土内调入有机肥料做为基肥，每三个月加入长效性肥料。

准备工具

高砂丸 7.5 厘米盆栽 1 个 · 喷水器 1 个

培养土 · 5 厘米花器 1 只 · 造型花器 1 个

细网筛 1 支 · 盛水碗 1 个

≤ Step by step 栽种步骤 ≥

1

2

1 买盆栽

生长旺盛、植株饱满

到花市挑选植株生长旺盛、植株饱满的盆栽，在开花期可选择有花苞的盆栽，更具观赏性。

2 换盆

更换造型容器

盆栽买回来后可以换盆到一个造型可爱的容器，能增加盆栽的观赏价值。

3–a

3 播种繁殖

3–a 取果实

挑选成熟的果实摘下。

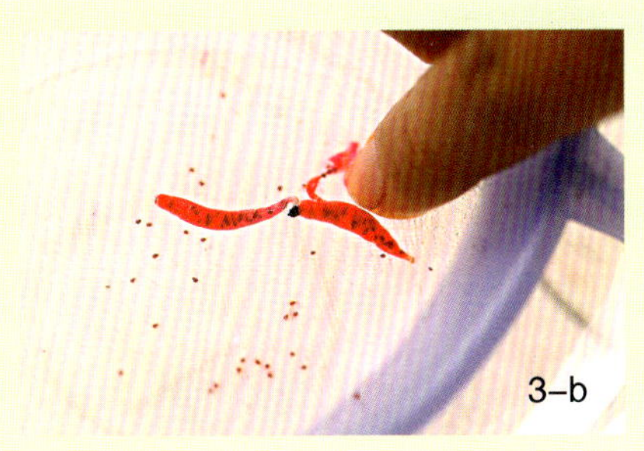

3–b 洗净

利用细网筛把果实上的果浆清洗干净，留下种子。

3–c 倒出

将洗好的种子倒出，放置在通风处阴干。

3–d 播种

将种子洒入后，用喷水器将土完全喷湿，再放置阴凉处等待发芽。

QA 大栽问

Q：高砂丸与明星有什么特别不同之处吗？

A：同样属于Mammillaria属的仙人掌，外型有点儿像，不过刺的颜色和性状就有些差异。整体看高砂丸的刺是白色的，而明星是黄色的；高砂丸的刺具有倒勾，而明星则较温和。明星的刺平铺于茎上，摸起来毛毛的，一点儿也不具危险性，所以很容易受到小昆虫或小动物的觊觎。

Q：组合盆栽内有一棵仙人掌烂掉了该如何处理？

A：最好赶快挖起丢弃，并且附近的土壤也要一并挖除，以免扩及旁边其他植株。盆栽组合虽然可以增加美观性与趣味性，植株根系也会因此分享到比较大的空间，可是如果其中有一棵感染到病虫害，就会一个传给一个。所以在照顾上一旦发现有问题的植株，最好赶快隔离以免传染给别的植株。不过更保险的方式是全部挖起换上新土重新组合。

小观念大学问

Key Points Cactus & Succulent

- 依照不同的植物的品种与特性，
- 掌握住种植的要点，
- 给予适合的照顾方式，
- 仙人掌与多肉植物，
- 绝对是许多忙碌，
- 又想享受生活的朋友们的最爱植栽。

7关键，养活仙人掌！

Point 1 学会分辨健康的植株

大部分的人选择仙人掌和多肉植物来栽培是为了要布置环境，所以购买时除了要挑选自己喜欢的植物，还要挑选健康的植株，才能达到绿化、观赏的效果。选购时要注意以下五个重点。

1 植株饱满

这类植物的茎、叶都会储藏水分，所以植株饱满、挺立，就是健康的象征，外观有点皱纹，表示植物缺水不健康。

2 色泽亮丽

植株如果健康，它的体色就会是亮丽且有光泽，不会出现褪色或变黄的情形。

3 刺稳固

仙人掌的刺是由“叶”退化后而形成，挑选时可以轻轻碰触刺，如果刺一碰就掉，就表示仙人掌的健康可能出现了问题。新生的嫩刺颜色会比较鲜艳，最好购买有在冒新刺的植株。

4 有花苞

如果是在仙人掌的花期选购，要挑花苞多的。不过，如果你家的日照较弱，建议你要选择花苞已显色的，回家后开花几率才会高。

5 没有病斑及虫害

购买前最好了解一下购买品种的特征，以免将病斑或虫害当成特征，因为有部分的仙人掌或多肉植物身上就是有白色斑点，如五角鸾凤玉。

Point 2 选择自己喜欢和适合环境的品种

全世界的仙人掌大约有五千多种，多肉植物有上万种，分布在温带或热带的沙漠干燥区域或是高山水分稀少的地方，恶劣的环境使得它们各自演化出独特的外型及特性，随着新品种不断地研发，让仙人掌和多肉植物更加琳琅满目。我们也许不需要记住每个品种的名字，但是却要了解它们所适合的环境和习性，栽种起来才会比较得心应手，并从中得到栽培的乐趣。

选择自己喜欢的族群是栽培仙人掌和多肉植物的第一步，可依照要观赏的花、刺或果实来选择要栽种的品种，如果家中有活泼好动的小朋友，选择没有刺的品种会比较安全。除了挑选喜欢的品种外，检视家中的栽培环境也很重要，如果阳光充足可以给予全日照的环境，就很适合种强刺类的仙人掌，如果是要种植在窗台边，就考虑半日照的植栽。

Point 3 浇水的两个原则

很多人种植仙人掌和多肉植物的主要原因，就是以为它们可以不用照顾，甚至不用浇水就可以生长，结果往往变成“连仙人掌都种不活”的黑手指。

不同科属的植物对于水的需求不一样，大致上来说，仙人掌的耐旱程度会高于多肉植物，在照顾上，虽然同样都是等土干后才浇水，但是如果三个月内不浇水的情况下，仙人掌可能还可以活得很好，不过有些多肉植物

就会开始出现异状，像是黑法师、松叶景天等就会掉叶子；百合科的多肉植物的叶片就会缩皱变色。

水分和日照两个关键是互相搭配、影响的，当水分给予较多时，相对的也要给予较充足的日照；因为水分与日照是成正比的。掌握住以下的浇水原则，就可以种活仙人掌。

1 放在室内欣赏的，请记得不要浇水。

让植株启动本身适应环境的机制，暂停成长以保留水分、养分，如果浇了水就要放置在光线充足的地方，因为仙人掌及多肉植物是喜欢阳光的，但若光线不足但水分充足的情况下，就会形成徒长与变形。

2 放在室外栽培，请不要用固定给水的方式。

仙人掌的耐旱程度很高，给水之前，先把筷子插在土里10分钟，拔出之后如果筷子是干的，就可以浇水，一次浇透。通常刚买回去的植栽不用急着浇水，最好是先观察它在栽培环境的情况，再依季节气候给水。

Point 4 长期栽培需要全日照

金琥

许多人都习惯把仙人掌放在室内，基本上短时间还不致于影响植株健康，但是如果要长期栽培的话，还是需要全日照的环境，才能长得健壮、有型。建议想要利用仙人掌盆栽做室内布置的朋友，可以每隔一两月把仙人掌放在室外晒晒太阳，多种几盆不一样的植物，用轮替的方式布置，这样既能兼顾植物健康，又能改变居家气氛。

有些仙人掌科的植栽，需要强日照才能种得肥肥胖胖的，但是某些百合科的多肉植物，如果给予过于强烈的日照，容易造成日烧，特别是在夏天，所以要慎选摆放位置。

需要强日照的品种：强刺类的仙人掌，例如：金、近卫柱、日之初丸。

日之初丸

近卫柱

Point 5 通风和湿度最重要

环境通风，是栽培植物的必要条件。不通风的环境容易让植物生病。基本上，仙人掌不容易生病，比较会碰到的就是软腐病，土壤过湿加上不通风的环境，会让植物基部容易感染病菌，造成植株腐烂、软化，还会发出臭味。

软腐病

Point 6 繁殖的技巧

仙人掌和多肉植物都可以用播种、叶插、扦插、分株等方式繁殖。虽然新鲜果实内的种子播种成功率相当高，但是这两类植物的生长速度较缓慢，所以最常使用的繁殖方式是叶插、扦插与分株法。

运用嫁接的方式让两个不同品种的仙人掌接在一起，也是一种方法。特别是那些生长速度慢、没有叶绿素的

播种　叶插　分株　扦插

品种，都可使用嫁接法来获得改善。在适当的时期繁殖可以得到很大的成就感，例如景天科的多肉植物在春秋二季生长快速，此时繁殖存活率高且可促进母株分芽。

Point 7 休眠期的照顾

在台湾，大部分的仙人掌休眠现象并不明显，但是某些多肉植物就会有明显差异，例如景天科、番杏科、大戟科、夹竹桃科等就会在夏天有休眠现象。进入休眠期的植物，需要断水或少量给水，大约1~2个月给水一次即可，如果在休眠期给水过多的话，会造成植株根部无法吸收而腐烂。所以在购买仙人掌及多肉植物时，要先了解此品种是否有休眠期，才能给予正确的照顾。

有休眠期的品种：黑法师、千代田锦，在七八月会进入休眠期，此时就需要断水。其他在书中介绍的大部分品种休眠期都不明显，所以不用特别给予照顾。

10样工具 植栽必备不可少！

1.油彩石

油彩石是铺面装饰石，与其他介质的功能不同，因为本身并不具有任何养分，所以大部分都是在介质最上层用来装饰及美化盆栽，也有许多人用在水族箱的布置。

2.赤玉土

赤玉土是质地较硬的栽培用土，它除了和一般培养土一样有吸收水分的功能外，因为它是呈颗粒状所以能增加土壤中的排水性及透气度，对于需要排水性良好的仙人掌以及高度肉质化的多肉植物来说，赤玉土能让植株根部拥有更健康的环境。

3.贝壳石

贝壳石和油彩石一样也是常用的铺面装饰材料，材质大然朴实，很容易衬托植栽的特色，除了常使用在组合盆栽或造型盆栽中做铺面外，也可以把它混入栽培土中做为帮助排水透气的介质。因为贝壳石来自海边，会有残留的盐分，使用前最好先泡水做淡化处理。

4.培养土

在一般市售的培养土中，大部分含有泥炭土、珍珠石、发泡炼石、椰纤、河沙等成分，各家调配的比例都会不一样，所以挑选时要先思考植物的需要与居家环境，再选择合适的成分比例。以仙人掌与多肉植物而言，它们喜欢排水、透气良好的土壤，酸碱度为中性偏碱的栽培介质。市售的泥炭土具有保水、保肥的功能；珍珠石、蛭石、发泡炼石、椰纤等能增加排水性与透气性，不过椰纤过多会使土壤容易松散，所以较为高大的仙人掌就要将椰纤减量或者以其他介质替代以免植栽易倾倒；河沙的排水与透气性不错，而且它的重量能帮助植物基部稳固，所以如果能掌握每种介质的特性，不妨尝试自行配土，相信会有另一番心得与乐趣。

5

6

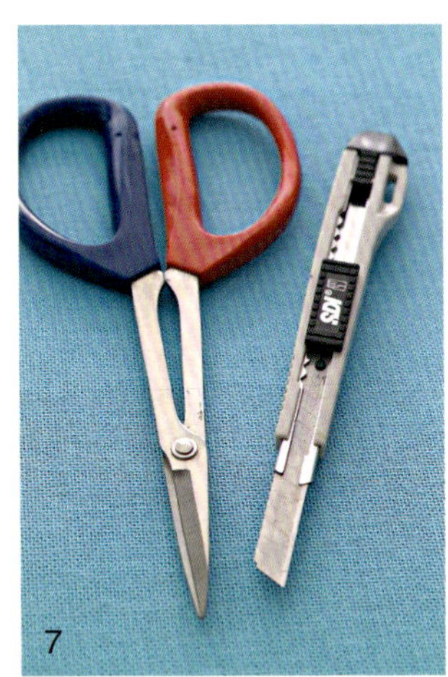
7

5.盆器

仙人掌因为生长速度慢、体型小巧、造型特殊加上水量需求不大，所以经常用来做组合或创意盆栽放在室内观赏。在花器的使用上并没有太大的限制，有人种在陶盆，也有人种在杯子里，各式各样的容器都可以试试。不过最重要的是栽种前先确认是密闭式或开放式容器，如果盆器为没有排水孔的密闭容器，记得水量一定要特别控制，不宜过湿并且需做隔水层，以免盆器里积水，造成根部受损。另外，盆器的大小宜适中，过大与过小对植物而言都不好，一般而言，盆器的大小最好要比植栽大出2~3公分左右，让植栽有足够的空间可以伸展，才会长得好。

6.浇水壶&喷水器

对一般居家栽培来说，浇水壶是不可缺少的工具之一，而这里提到的喷水器主要是用在新扦插好或刚播种的小盆栽上，喷水口调整到雾状喷出口，让土壤可以平均湿润，不会因水量太强而把盆土浇出一个凹洞。浇水壶和喷水器两者都可以在花市、量贩店等处买到。

7.剪刀&刀片

虽然仙人掌和多肉植物都不太需要修剪，但还是需要使用剪刀和刀片来进行剪枝修根或侧芽繁殖，建议使用前后要将剪刀和刀片擦拭干净，以免在繁殖时造成植株感染。

8.镊子

因为仙人掌上有刺，所以建议在除草、移植或繁殖时，可以使用镊子辅助夹取，以免刺扎到手。

9.布质手套＆塑胶手套

因为大部分的仙人掌茎上都带有刺，所以在移植或繁殖时最好是使用手套来保护，而且尽量使用表面光滑的材质，因为一些细小的刺会扎在布质手套的缝隙里，而一般家庭用的橡胶手套，过于厚而笨拙不适用于细致的小动作，所以建议大家可以准备布质手套和合手的塑胶手套两种，先把布质手套戴在内层增加厚度，再戴上合手的塑胶手套，这样在操作上不但安全又会利落许多。

10.长效肥料

一般花市贩售的肥料有很多种，主要是供应植株茎与叶生长、开花、结果所需的养分，其中长效颗粒状的肥料，因为颗粒会慢慢分解，不用经常施加，所以适合没有太多时间照顾植物的栽培者。功能上分观叶肥（氮肥比例重）、开花肥（磷肥比例重）、通用肥（氮磷钾比例一样），依照植栽不同的成长期间来施用；依肥料供应期限又分为一个月、三个月、半年，可依自己的时间状况来决定购买何种期限的肥料；另外也有速效的液态肥料、粉状的肥料或者是天然的有机肥，可以依个人栽培习惯选用。建议大家可以将半年期通用长效肥放在盆底，没空施肥时也不必担心缺肥的问题，另外在植株成长期施用速效的观叶肥做为追肥，植株自然就会肥嘟嘟的！

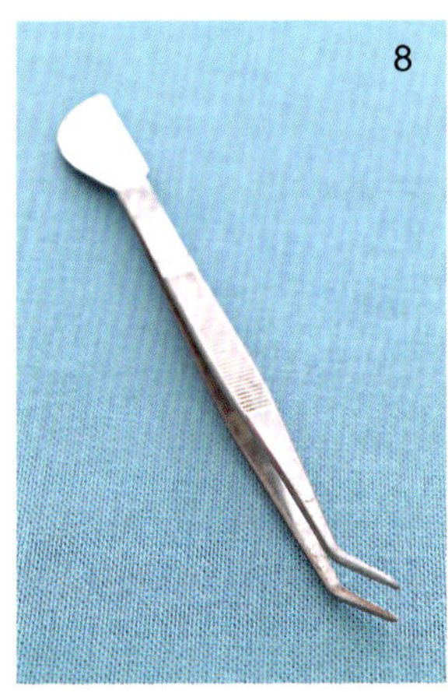
8

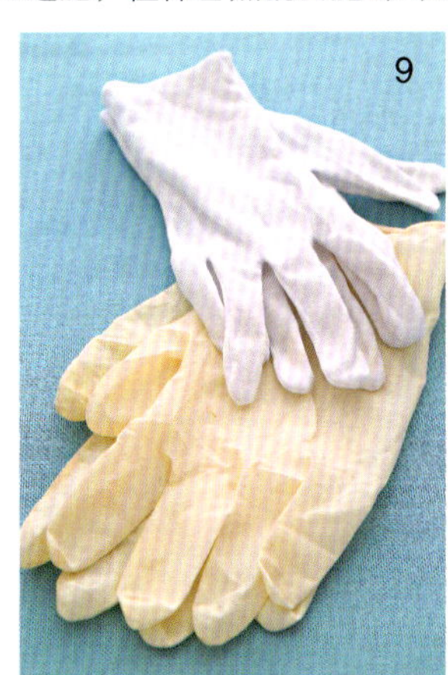
9

10

栽种心得笔记

栽种心得笔记

图书在版编目（CIP）数据

懒人50仙人掌 / 苏明玉著；廖家威摄.—西安：
陕西师范大学出版社，2007.10
ISBN 978-7-5613-3810-0
Ⅰ. 懒… Ⅱ. ①苏…②廖… Ⅲ. 仙人掌科-观赏园艺 Ⅳ. S682.33
中国版本图书馆CIP数据核字（2007）第122326号
著作权合同登记号：陕版出图字 25-2007-029号
图书代号：SK7N0750

简体中文版由台湾柠檬树国际书版有限公司授权出版

懒人50仙人掌

著　者：苏明玉
摄　影：廖家威

责任编辑: 周　宏
特约编辑: 蔡明菲
封面设计: 熊　琼
版式设计: 李　洁
出版发行: 陕西师范大学出版社
（西安市陕西师大120信箱 邮编：710062）
印　刷: 北京市汇元统一印刷有限公司
开　本: 889 × 1194 1/24
印　张: 7
版　次: 2007年10月第1版
印　次: 2007年10月第1次印刷
ISBN 978-7-5613-3810-0
定　价: 29.80元

懒人50仙人掌

鲜艳迷人的仙人掌世界

让你真正享受轻松种
容易活的种植乐趣